圆鼓鼓的钩针花样

圆鼓鼓的钩针花样

关于泡泡针、爆米花针和泡芙针，你需要了解的一切纹理效果

[英]林迪·祖巴里／著

王荆／译

中国纺织出版社有限公司

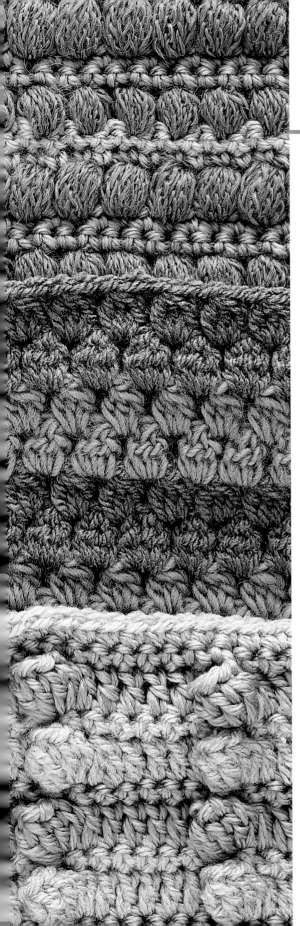

原文书名：Popcorns, Bobbles & Puffs to Crochet

原作者名：Lindy Zubairy

著作权合同登记号：图字：01-2018-8811

图书在版编目（CIP）数据

圆鼓鼓的钩针花样 ／（英）林迪·祖巴里著；王荆译. -- 北京：中国纺织出版社有限公司，2020.3

书名原文：Popcorns, Bobbles & Puffs to Crochet

ISBN 978-7-5180-6339-0

Ⅰ.①圆… Ⅱ.①林… ②王… Ⅲ.①钩针—编织—图集 Ⅳ.① TS935.521-64

中国版本图书馆 CIP 数据核字（2019）第 126617 号

责任编辑：刘　婧

装帧设计：培捷文化　　责任印制：储志伟

中国纺织出版社有限公司出版发行

地址：北京市朝阳区百子湾东里 A407 号楼　邮政编码：100124

销售电话：010-67004422　传真：010-87155801

http://www.c-textilep.com

中国纺织出版社天猫旗舰店

官方微博 http://weibo.com/2119887771

北京华联印刷有限公司印刷　各地新华书店经销

2020 年 3 月第 1 版第 1 次印刷

开本：787×1092　1/16　印张：6

字数：115 千字　定价：49.80 元

凡购本书，如有缺页、倒页、脱页，由本社图书营销中心调换

目录

欢迎来到林迪的世界

我们每个人都是以不同方式开始接触钩织，并在它的花样针法上找到安慰和满足。就我而言，钩织是一种既有趣又可以远离忧虑的消遣方式，是让感官放纵的方式，也是释放创造力和社交的平台！通过学习钩织和教学，我有机会接触到各种各样的人，共同分享智慧、故事、建议还有见解。看起来好像我还有许多钩织工作要忙，忙于学习新针法和新技法，再将新针法和技法结合运用在我的设计里。我从不会空手出门，总要带上钩针和线团。我发现在公共场合玩钩织，可以给周围那些一言不发的人们带来亲切感。在拥挤的公交车上、在海边、在医院的等候室，在任何你能想到的地方，我都可以开心地玩着钩织，以此消磨空闲的时光，也可以开心地和陌生人谈论钩织和其他手工。

这本书是为早已涉猎钩织领域并且想再进一步提升技能的你而创作的。它至少是两种东西——一篇改良过的钩织指导和一部简单的针法词典。更希望它给予你灵感。

关于本书

跟着书中的说明以及详细的分解步骤，很快你将成为钩织领域的行家，可以制作出可爱又有质感的织物。先找出钩针、线、编织符号图和基础技法，然后按照说明和图解钩织泡泡针、爆米花针和泡芙针的织片。在书的最后，有很多款式的作品可供你挑选。

图片
书中配有每个步骤的详细图文说明。

从这开始……

在泡泡针、爆米花针和泡芙针的分类目录下面都有图解，每个分类目录在开篇都有一步一步的分解步骤。先按照这个练习，再进行下一步的图解钩织。

视频片段
这些有手机图形标记的地方表示有可供学习的视频，以此来帮助你完成泡泡针、爆米花针和泡芙针的钩织，所有相关视频的二维码都在后勒口。

钩织最主要的特征之一是对纹理的创造性，泡泡针、爆米花针和泡芙针这三种技法形成的纹理占其中很大一部分。了解如何钩织并运用它们能带您进入一个新的领域。书中的针法说明和小窍门通过对一些典型问题的解决和查缺补漏，旨在帮你建立自信。

当然，泡泡针、爆米花针和泡芙针不仅仅是为了创作出不同纹理；也是玩转色彩相当好的方法，在你尝试色彩搭配和练习技能的同时，会创造出一些相当惊人的效果。

所以，我很兴奋有这样一个机会，来分享我对钩织的喜爱，也希望能为你铺平通向美好感受之路。

林迪的小猫咪图娜很喜欢她的钩织作品。
小心你的小爪子呀，图娜！

林迪·祖巴里 更多关于林迪的信息请访问 www.yocrochet.co.uk

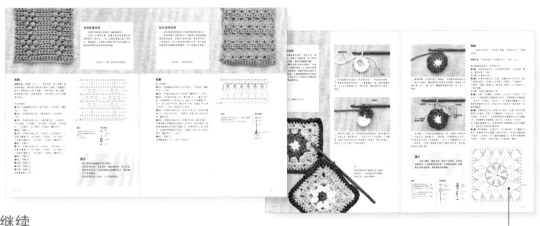

⋯⋯继续

所有图解都附带文字解说、钩织符号图和小样；复杂的钩织符号图还包含了分解步骤说明来展示钩织方法。

钩织符号图和说明
钩织符号图都是彩色的——每种颜色代表一圈或一行。每个钩织符号图都附带符号说明。

作品
清楚的文字图解、配上漂亮的成品图。

第1章
钩织课堂

　　当你在开始学习一项新技能时，总会碰到许多问题，所以这个章节是作为一种参考和指导。在你开始钩织之前，有必要好好阅读一下此章节，可以帮助你在练习时避免犯错，也可以对钩织材料和工具有一定的了解。你也可以在需要提醒或寻求问题解决方法时，返回翻阅此章。

线和钩针

线的种类和钩针尺寸的选择对成品有很大的影响，因为线的型号（粗细）与钩针尺寸之间的关系是很重要的。

选择线和钩针

你可以用任何能够绕成一团的材料钩织泡泡针、爆米花针和泡芙针，选择范围很大。用传统自然纤维线，例如羊毛、棉花、亚麻和丝绸，或人造纤维线，例如腈纶和尼龙材质的线开始钩织，也可以用许多其他混合材质的线来进行钩织，总有足够多的选择可以用一辈子！其中的任何一种线都可以有不同的颜色、捻度、质感和克重——从细如发丝的线到非常粗硬的绳子。即使错过了毛线店，你还是可以遇到合适的材料，比如自然的麻质园艺细绳、牢固的纤维绳、极细金属丝、皮绳或者绒面鞋带。去发现不同质感和颜色的材料并动手实践，是这种手工中最大、最无止尽的乐趣之一。快让自己置身于这种乐趣中吧！

选择钩针类型也就是对钩针的舒适度和顺畅度的选择。柔软的、润滑的以及符合人体工学的钩针使用起来相当舒服。木质和竹质钩针看起来很吸引人，很贴近自然。铝制钩针比较讨人喜欢，因为比较重，容易钩织。塑胶的钩针都很轻，看起来很可爱。只有一一尝试过才能判断哪款适合自己。

钩针尺寸在现今已经被标准化，但是如果你拥有一套古董钩针或是进口钩针也没关系，可以入手一个尺寸测量器，让这些钩针在21世纪也能重获新生。

钩织线
2mm

钩针旁的这些圆织片只有实际大小的一半，而旁边的钩针都为实际大小。圆织片的真实尺寸显示在页面上方。

蕾丝线
2.5mm

4股线
3mm

两根线（DK）
4mm

线的型号和钩针的搭配

　　线的型号大多数都是固定的，但是仍然存在一定程度的变数——一个厂商出厂的阿兰毛线有可能相当于另外一个厂商的超粗毛线。此外，不同的人钩织出来的织片密度也不相同（关于此内容更多信息，详见第24~25页）。甚至你自己钩织的织片密度也会因为实际情况而不同。

　　通常情况，你会发现钩针型号越大，成品越宽松、透气和垂坠——适用于服装。相同重量的线，当钩针越小成品就越密实和硬挺——适用于做收纳容器和其他日常物品。记住这点，你可以把书中的例子当作常规指标。

极粗线
7mm

粗线
6mm

阿兰线
5mm

阅读图解

当面对一大片数字和未知符号时，我们很容易慌张并失去耐心，就像钩织符号图给人带来的感觉一样，但是阅读图解未必是一个绊脚石。

试着读出下列图解：

"Rnd 1: 1ch, 1dc, 1tr, 1dc, 1tr, 1dc, 1tr."

你应该读作"第1圈：1针锁针，1针短针，1针长针，1针短针，1针长针，1针短针，1针长针。"

缩写

很快，你会发现钩织符号图不是什么未知符号，它们仅仅是缩写。缩写是为了使说明不占据页面。许多图解会保留关键词，这样你无需记住所有的内容，就可以在钩织过程中读懂它们。例如，ch是锁针的缩写，tr是长针的缩写，dc是短针的缩写。

其他常见的缩写有：htr（中长针），dtr（长长针），slst（引拔针），sk（跳过），yo（钩针挂线），yrh（在钩针上绕线）。

一些不太显而易懂的缩写有：2trtog（长针2针并1针）——这是减针（详见第20~21页）。还有类似的——3trtog（长针3针并1针），2dctog（短针2针并1针），4dtrtog（长长针4针并1针）等等。

WS和RS：这两个词分别代表"反面"和"正面"。有些针法只在某一面看起来比较美观（也就是正面）。图解可以让你正确钩织。本书所使用的常用缩写和索引在第94页。

其他文字说明

有时你会看到"算作第1针"这样的术语。在开始新一行或新一圈的时候，需要先钩织起立针，为了可以与后续钩织的针法高度持平。对于全是中长针的一行，起立针是由2针锁针组成，对于全是长针的一行，起立针为3针锁针，以此类推。起立针形成针柱类似1针，也同样算作1针。

这就意味着在计算针数的时候，你需要把它当成"1针"来计算，同时，你需要记住在钩织下一行的时候，它处于末尾，最后1针需要在起立针上的线圈里钩织。

起立针形成的"针柱"算第1针。2针锁针的起立针算作1针中长针，3针锁针的起立针算作1针长针，4针锁针的起立针算作1针长长针。

要注意在钩织完起立针后，相邻第1个"实际"针的位置不是在起立针下方的线圈，而是对应单独的线圈，不然你会发现这一行在起始位置加针了。

这样看起来好像漏掉1针，但实际上第1针已经钩好了，相邻的实际针法要在相邻的线圈上钩织。

编者注：缩写在英文钩织书中常出现，但在本书并不涉及。本书中已翻译成文字说明。

针法 "公式"

　　为了简化说明，重复的针法只会完整出现1次。就像前面你看见的说明 "第1圈：1针锁针，1针短针，1针长针，1针短针，1针长针，1针短针，1针长针"。但是这样重复的说明容易混乱。

　　更简洁的说明为 "第1圈：1针锁针，[1针短针，1针长针] 重复3次"。钩织完1针短针然后钩织1针长针，这样算作1组针法，所以在中括号里出现1次，最后必须在中括号后标记上针组重复的次数。

　　另外一个用来说明重复针法的方式为使用星号。例如，"第1圈：1针锁针，*1针短针，1针长针，从*位置开始重复3次"。这个方法通常用于更复杂的图解，比如由很多重复针组合成的嵌套针组。

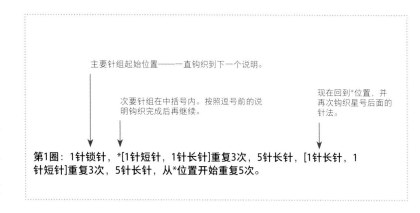

主要针组起始位置——一直钩织到下一个说明。

次要针组在中括号内。按照逗号前的说明钩织完成后再继续。

现在回到*位置，并再次钩织星号后面的针法。

第1圈： 1针锁针，*[1针短针，1针长针]重复3次，5针长针，[1针长针，1针短针]重复3次，5针长针，从*位置开始重复5次。

　　星号出现在当你被要求 "从*位置开始重复" 的时候。你要回到星号开始的位置（详见上方表格）。以表格为例，我们开始钩织1针锁针，然后钩织第1个中括号里的针组3次，钩织5针长针，接着钩织第2个针组3次，再钩织5针长针，往下回到星号出现的位置，再开始钩织第1个针组，并按照图解说明重复。按照这样的方法回到星号位置再重复3次，完成后才开始后面的钩织。

钩织符号图

　　钩织符号图是实际织片的符号表达。它们是由底部开始往上钩织，所以要从下往上阅读。在圈织的时候，与钩织的方向一样，从中间向外阅读。不过还是要仔细观察——在每个开始的地方都有提醒标记。虽然有缩写的文字说明，钩织符号图还附带钩织符号说明。

　　钩织符号图可以将难以用文字表达的复杂说明直观化。通常它们都是彩色的，这样可以帮助辨别钩织的行数或圈数。许多钩织符号看起来和实际针法很相似。例如，锁针看起来像锁链，中长针、长针等和钩织的方式也很像。短针有一些不同，但是也不难记。

常用钩织符号

以下是一些可以在本书中看到的钩织符号，包含各种针法的名称和缩写。

钩织符号	名称	缩写
○	锁针	ch
+	短针	dc
┰	中长针	htr
┬	长针	tr
⬗	泡泡针	bbl
⬯	泡芙针	–
⬖	爆米花针	pc
木	长针3针并1针	3trtog

使用图解和钩织符号图

这几页会提供一个结合了文字说明、钩织符号图、钩织符号说明和图片的模板，并在图解中提供一些常见问题的解答。

A **开始**起12针锁针。

B **第1行**：在倒数第2针锁针上钩1针短针，10针短针，翻转织片——11针。

C **第2行**：3针锁针的起立针（算作第1针），[1个泡泡针，1针锁针]重复4次，1个泡泡针，1针长针，翻转织片——5个泡泡针，4针锁针，包含第1针的起立针共2针长针（11针）。

D **第3行**：3针锁针的起立针（算作第1针），在下方长针和泡泡针之间的空隙里钩1个泡泡针，1针锁针，[在1针锁针的空隙里钩1个泡泡针，1针锁针]重复4次，在起立针上钩1针长针，翻转织片——5个泡泡针，5针锁针，包含第1针的起立针共2针长针（12针）。

E **第4行**：2针锁针的起立针（算作第1针），[在相邻的锁针空隙里钩1针中长针，在相邻的泡泡针上钩1针中长针]重复5次，翻转织片——11针。

F **第5行**：2针锁针的起立针（算作第1针），10针中长针，翻转织片——11针。

G **第6行**：3针锁针的起立针（算作第1针），[1个泡芙针，1针锁针]重复4次，1个泡芙针，1针长针，翻转织片——5个泡芙针，4针锁针，包含第1针的起立针共2针长针（11针）。

H **第7行**：1针锁针的起立针（不算作第1针），在长针上钩1针短针，[在泡芙针上钩1针短针，在锁针空隙里钩1针短针]重复4次，在泡芙针上钩1针短针，在起立针上钩1针短针——11针。

I **第8行**：2针锁针的起立针（算作第1针），10针中长针，翻转织片——11针。

J **第9行**：3针锁针的起立针（算作第1针），2针长针，1个爆米花针，3针长针，1个爆米花针，3针长针，翻转织片——2个爆米花针，包含第1针的起立针共9针长针（11针）。

K **第10行**：2针锁针的起立针（算作第1针），在相邻2针长针的上各钩1针中长针，在爆米花针上钩1针中长针，在相邻3针长针上各钩1针中长针，在爆米花针上钩1针中长针，在最后2针长针上各钩1针中长针，在起立针上钩1针中长针，翻转织片——11针。

L **第11行**：1针锁针的起立针（不算作第1针），11针短针，翻转织片——11针。

M **第12行**：在第1针短针上钩1个浆果针，[在相邻短针上钩1针引拔针，在相邻短针上钩1个浆果针]重复5次，翻转织片——6个浆果针，5针引拔针（11针）。

N **第13行**：1针锁针的起立针（不算作第1针），在第一个浆果针上钩1针短针，[在相邻引拔针上钩1针短针，在相邻浆果针上钩1针短针]重复5次，翻转织片——11针。

O **第14行**：在第1针短针上钩1针引拔针，[在相邻短针上钩1个浆果针，在相邻短针上钩1针引拔针]重复5次，翻转织片——5个浆果针，6针引拔针（11针）。

P **第15行**：1针锁针的起立针（不算作第1针），在第1斜引拔针上钩1针短针，[相邻浆果针上钩1针短针，在相邻引拔针上钩1针短针]重复5次，翻转织片——11针。

Q **第16行**：同第12行。

R **第17行**：同第13行。

S **第18行**：4针锁针的起立针（算作第1针），10针长长针，翻转织片——11针。

T **第19行**：3针锁针的起立针（算作第1针），[1个移动泡泡针，长针3针并1针]重复3次，1个移动泡泡针，在起立针上钩1针长长针，翻转织片——4个移动泡泡针，3针并针，包含第1针的起立针共2针长针。

U **第20行**：3针锁针的起立针（算作第1针），[跳过第1个移动泡泡针不钩，在并针上钩1针分3针]重复3次，跳过1个移动泡泡针不钩，在起立针上钩1针长针，翻转织片——包含第1针的起立针共11针。

V **第21行**：1针锁针的起立针（不算作第1针），在第1针长针上钩1针短针，10针短针，翻转织片——11针。

W **第22行**：1针锁针的起立针（不算作第1针），在第1针短针上钩1针短针，10针短针，翻转织片——11针。

X **第23行**：2针锁针的起立针（算作第1针），1针中长针，[1个泡芙球针，2针中长针]重复3次，翻转织片——3个泡芙球针，包含第1针的起立针共8针中长针。

Y **第24行**：1针锁针的起立针（不算作第1针），[在相邻2针中长针的上各钩1针短针，在泡芙球针上钩1针短针]重复3次，在最后1针中长针上钩1针短针，在起立针上钩1针短针，收针。

缩写说明

下列是模板中所使用到的特殊针法的缩写。关于常用缩写列表详见第94页。

bry = 浆果针
pb = 泡芙球针
bbl = 4针的泡泡针
pc = 4针的爆米花针
3trtog = 长针3针并1针（减针）
tbob = 移动泡泡针

钩织符号说明

○	锁针
•	引拔针
+	短针
┬	中长针
┬	长针
┬	长长针
◓	浆果针
◓	泡芙球针
◓	4针的泡泡针
◓	泡芙针
◓	4针的爆米花针
⋔	长针3针并1针（减针）
◈	移动泡泡针
▶	起点

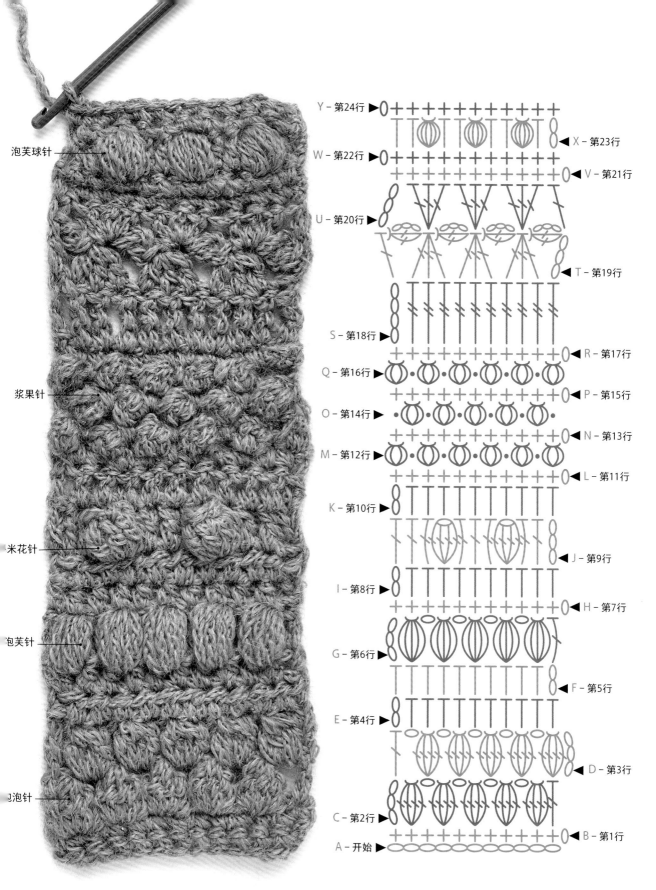

泡芙球针

浆果针

米花针

包芙针

J泡针

Y – 第24行

W – 第22行

X – 第23行

U – 第20行

V – 第21行

S – 第18行

T – 第19行

Q – 第16行

R – 第17行

O – 第14行

P – 第15行

M – 第12行

N – 第13行

K – 第10行

L – 第11行

I – 第8行

J – 第9行

G – 第6行

H – 第7行

E – 第4行

F – 第5行

C – 第2行

D – 第3行

A – 开始

B – 第1行

引拔针

·

短针

+

中长针

T

长针

F

长长针

钩针编织基础

这本书主要是关于泡泡针、爆米花针和泡芙针的钩织。你可能已经有简单钩织的经验，不过为了方便起见，本书还是包含了钩针编织基础的复习课程。

基础针法

在这里，你将找到所需的基础钩织针法说明。拿起你的钩针练习钩织1条锁针链吧。

引拔针

在圈织的时候，引拔针是连接首尾针的好办法，在片织的时候可以不用断线，沿着边缘钩织一行来改变线头位置。

短针

该针法的织片通常都比较密实，（除非使用比线团标签上建议型号大的钩针）。短针对应的起立针是1针锁针，并不计算为1针。

钩针穿入线圈，挂线将线一次性从钩针上所有的线圈里引拔出。在圈织的时候，这个引拔针就是用于将最后一针连接到第1针上。

1 钩针穿入线圈，挂线将线从线圈里引拔出，此时钩针上剩下2个线圈。

这里，用不同颜色的线钩织一行引拔针作为小样收尾（见左图）。

2 钩针再挂线，将线一次性从钩针上的2个线圈里引拔出。

中长针

该针法高度介于短针和长针之间，比短针长，比长针短——适用于塑造花朵花瓣。水平钩织的中长针在织物上形成明显的水平山脊形状。钩得越松，在最后一步就越容易一次性从所有线圈里引拔出。它所对应的起立针为2针锁针，并算作第1针。

长针

水平钩织的一排长针类似一排针柱，或者说是在针法表面形成一个阶梯状。该针法可能是所有针法里最常见的针法。它对应的起立针为3针锁针，并算作第1针。

长长针

该针法比较长，并且针法表面上阶梯状效果数目比长针多一个。可想而知，它对应的起立针为4针锁针，也同样算作1针。同样，如果想钩织更长一些的针法，在钩织的第一步钩针挂线时，多绕几圈即可。

1 钩针挂线，穿入线圈。

1 钩针挂线，穿入线圈，钩针再挂线并将线从线圈里引拔出，此时钩针上剩下3个线圈。

1 钩针绕线2圈，穿入线圈，钩针再挂线并将线从线圈里引拔出，此时钩针上剩下4个线圈。

2 钩针再挂线，将线从线圈里引拔出，此时钩针上剩下3个线圈。

2 钩针挂线，将线从钩针上前2个线圈里引拔出，此时钩针上剩下2个线圈。

2 钩针挂线，将线从钩针上前2个线圈里引拔出，此时钩针上剩下3个线圈。

3 钩针再次挂线并将线一次性从钩针上的3个线圈里引拔出。

3 再挂线并将线从钩针上剩下的2个线圈里引拔出。

3 再次挂线，将线从钩针上前2个线圈里引拔出，此时钩针上剩下2个线圈，最后挂线并将线从钩针上剩下的2个线圈里引拔出。

环形起针法

钩针编织和棒针编织最大的一个区别就是钩针可以环形起针，并且不仅用于圆形的织物。最具有标志性的钩织物——祖母方块——就是环形起针法完成的。按照下列三个方法中的任意一个方法来开始环形起针吧。

锁针作环

先钩织3~5针的锁针，然后钩织引拔针将最后1针和第1针连接起来。

这种方法会在织物中心形成一个空隙。用有些毛茸茸的毛线或使用比建议的钩针型号小的钩针来钩，可以使空隙变小。

以第2针锁针作环

先钩织2针锁针，以倒数第2针作为中心，在针眼里钩织第1圈。

看起来在锁针眼里钩织很多针不太可能，但是通常来说，这个锁针能慢慢扩大并容下需要的针。当然，该空隙在扩大后没有办法再拉紧，所以在中心会形成空隙。

绕线作环（拉绳环）

1 将线在手指上绕2圈，然后将线圈从手指上小心取下，捏紧线圈防止散开。钩针穿入线圈里，用指头捏住重合位置。

2 钩针挂线，将线慢慢引拔出线圈，钩针上的线圈拉紧，再挂线从钩针上的线圈引拔出并拉紧。现在钩针上有1个线圈，下方挂着一个大环。

3 第1圈就是在这个大环里钩织，最后用引拔针完成一圈。

4 现在你可以将环拉紧。将织物放在手上，绕线作环的线头夹在两指之间下垂，然后拉紧线头收紧线圈。

换色和加入新线

无论是在用完一团线或是想换色时的换线，方法都一样。可以在边缘，也可以在中间位置换线。不管怎样，都要在换线前的一针最后一步进行。

提示

书中有些彩色小织片（详见第42页）使用了非标准换色的方法，因为它们不是标准针法。请确保仔细阅读图解，每一个案例都提供了完整说明。

1 在行的中间位置，将新线挂在钩针上，预留出一点线头。

2 在将线引拔出的同时，捏住需要钩织的线，此处不用固定。

3 你可以选择在换线后的前几针位置边钩边藏线头，这样就不用后续藏线头。将线头放在前一行针的上方包住钩织。

何时需要（不需要）断线

对于后续会钩边或接缝的**两色或三色条纹花样**，不用将旧线剪断——将它垂挂在侧边，在下一次钩织的时候使用。每个条纹花样的配色钩织总行数为偶数，这样在需要的时候，钩织的线就能处于正确的一侧。这个做法可以大大减少在最后的"断线收线头"工作。

在行尾的时候，换线的方式和在中间一样；仍然在最后一针最后一步换成新线进行挂线。

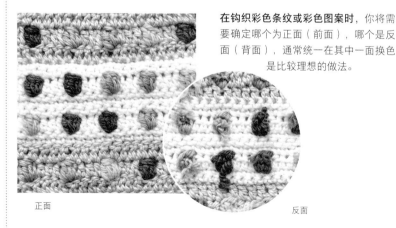

正面　　　　　　　　　　反面

在钩织彩色条纹或彩色图案时，你将需要确定哪个为正面（前面），哪个是反面（背面），通常统一在其中一面换色是比较理想的做法。

加针和减针

塑造织片形状可以通过在某一行进行加针或减针的方式实现。

少量加针

在两侧的1针线圈上各钩1次长针1针分2针。

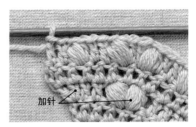

加针

加针最简单的方式就是在同一个位置多钩织1针。对应这个方法的文字图解为"在下一针上钩织长针1针分2针"（下一针上钩2针长针）。上图织片两侧的2针长针在同一个位置钩织，也就是带有标记的加针行。

泡泡针、爆米花针和泡芙针的加针，只需在同一个线圈里再钩几针同样的针法即可。

在包含了基础针法和花样钩织的混合花样中，可以巧妙地用基础针法或泡泡针、爆米花针和泡芙针加针的设计进行加针。

大量加针

可以按照上述加针钩织方法大量加针，在某一行里均匀地多次加针，这样会形成一个弧形侧边。如果你想要一次性大量加针，例如钩织"L"或"T"形状，就需要在侧边加针。

正面

1 在此行末端额外钩织一定数量的锁针。

反面

2 翻转织片，同起针位置钩织锁针链的方法一样，在织片反面沿着锁针钩织，并继续在主体上钩织。

试试这个！

如果挑锁针的里山钩织（关于里山，详见第57页），可以使加针这一行更平整。

反面

3 为了在织片另一侧加出相同数量的针数，在主体另一侧末尾预留出一小段停针不钩织，取一段相同的线，连接在末端，然后钩出相同数量的锁针。

反面

4 再拿起前面的停针位置的线，继续钩织完锁针加针的位置，再按照正常的方式翻转织片。

少量减针

你可以通过空针不钩织的方法减针，特别适用于短针钩织的行，但是遇到多一些或者复杂一些的针法时，此方法会形成较大空隙。最好采用并针的方法减针。例如下面的图例，将3针变成1针。对应这个方法的图解说明为"长针3针并1针"，缩写是3trtog。同样，你会看见短针3针并1针（3dctog）或3针长长针并1针（3dtrtog），按照基础针法来变形。最小的减针组合为2针长针并1针（2trtog）。

如何钩织组合减针

1 先按照正常钩织步骤一直钩到最后一步挂前停止，此时钩针上有2个线圈。

2 开始在下一针上钩织新的一针，仍然在最后一步挂线前停止，此时钩针上有3个线圈。

3 按照同样方法开始在相邻位置上钩织，最后挂线一次性从钩针上的4个线圈里引拔出。

大量减针

可以通过在某一行里均匀地多次并针实现大量减针。如果想在侧边形成一个角，可以钩织引拔针。在针法复杂的图解里，这是制作袖子最简单的方法，也常常用于宽松衣服和宝宝衣服的制作。

1 钩完一行后，翻转织片，然后钩织对应数量的引拔针来减掉一些针数（引拔针几乎不产生高度，所以在不收针的情况下就能将线带到需要的地方）。

2 在减针行的另外一侧，空出与前面引拔针数量一致的针数，停针不钩。

什么是泡泡针、爆米花针和泡芙针？

　　泡泡针、爆米花针和泡芙针是从钩织诞生早期就开始出现的针法，同样，也是核心技能的组成部分。这些可爱的针法通过重复图案或巧妙地定位而产生巨大影响，或纯粹为了纹理效果，又或是和美妙的色彩结合，对于每个想要让手作变得又有趣又丰富的人，它们都很容易上手。

三者有何不同？

　　钩织是一种相对年轻的手艺，关于它的词典还在持续更新。本书所用到的术语在现今的书面钩织设计中相当普遍。这三者的共同点是它们都只占据一针的位置。

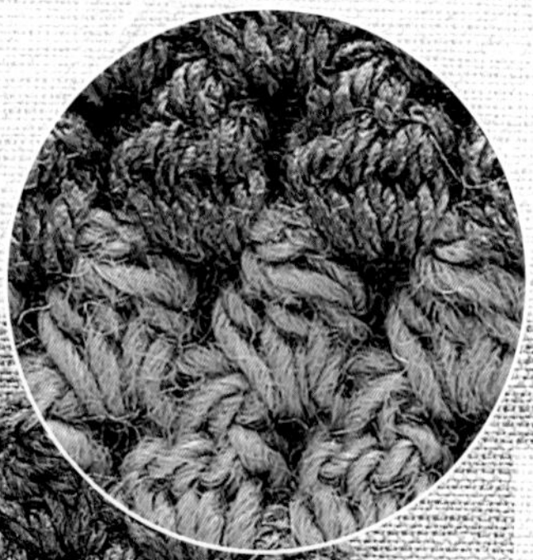

3针的泡泡针

可以看见3针明显的针柱，它们是在同一个位置钩织，并在顶端收紧在一起。

泡泡针

　　一个基本的泡泡针是由一组未完成的长针组成，这些未完成的长针在同一个位置钩织，然后将顶部钩织在一起成为1个泡泡针。不管未完成的长针针数多少都可以；因为这些未完成的长针只占据了1针的位置，针数越多，泡泡越鼓。在一系列泡泡针组成的图案里，针法之间的空隙和圆鼓鼓的泡泡针一样明显。

爆米花针

爆米花针与其他两种针法略有不同，因为它是由一组完整的长针组成。和泡泡针一样，这些长针对应下方同一个位置（同一针），顶端钩织在一起成为一个爆米花针。但因为这些长针还未钩织在一起之前都是完整的针，所以高度高一些，并且形成了非常立体的鼓包。这种针的鼓包顶部平直，像茶杯。

标准的5针的爆米花针

爆米花针身体圆鼓鼓的，顶部平直。和泡泡针一样在同一个位置钩出针柱，但实际上只有2针的顶部连接在一起——第一针和最后一针——其他位置不连接，这样可以在其他针法中更突出。

泡芙针

这个针法的"被线缠绕的小鼓包"是这三种针中最特别的，因为它没有用到长针。它是由一些同一方向拉长的线圈组成，看起来平滑并且软乎乎的。但仍然是从同一个位置钩出多个和长针差不多长的线圈。通常1个泡芙针由10个线圈组成，最后将这些线圈的顶部钩织在一起。

5针的泡芙针

泡芙针类似于缎绣，用打结或捻合接线法保持不断线。每针（每次穿入）都要用到2次挂线，同时产生2个线圈，所以5针的泡芙针包含了10个线圈，再加上钩针上原有的1个线圈。

计算编织密度和尺寸

在钩织中，"密度"是用来形容参考尺寸中的针数和行数（例如，15针对应10cm，5行对应10cm）。但是，针数和行数的数值有时候和织片完工后有很大出入，这是由个人钩织的方式、松紧程度、线甚至钩织的时间不同而造成的。

为了获得合适的尺寸，按照所对应的图解来计算密度很重要。如果你使用推荐的线和钩针型号，开始就会容易一些，但在钩织前仍然需要先钩一个合适尺寸的织片小样。试钩一个针数为20针的方形织片（以第32页中的小样为例，这个相当于10针泡泡针的标准砖墙泡泡针花样）。然后再用尺子测量宽度和长度前进行小样定型（详见第27页的收尾工作）。

- 如果你的针数和行数比参考尺寸少，说明钩针型号大了；可以使用小一点的钩针。
- 如果你的针数和行数比参考尺寸多，说明钩针型号小了；选择大一号的钩针再钩一个小样。

泡泡针——2.5mm钩针

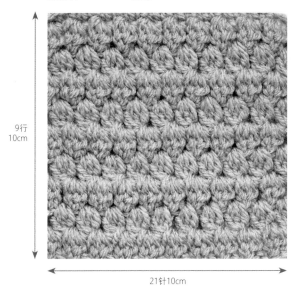

9行
10cm

21针10cm

泡泡针——4mm钩针

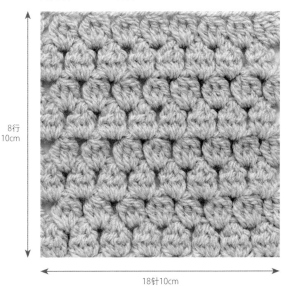

8行
10cm

18针10cm

所有皆为两根线钩织。

小贴士！

你可能注意到了一点，锁针链的起针和整个小样比起来略微有点紧。如果是这种情况，试试用大一点的钩针起针，然后再换回合适的钩针钩织主体。

爆米花针——2.5mm钩针

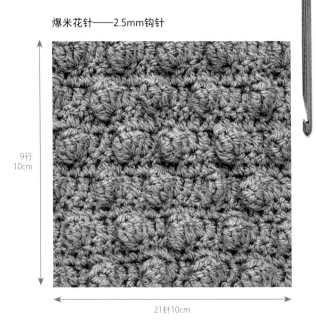

9行
10cm

21针10cm

泡芙针——2.5mm钩针

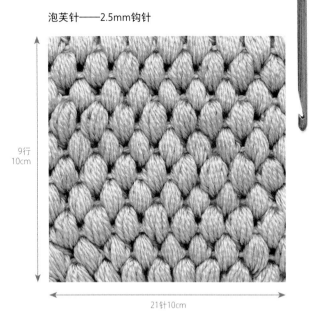

9行
10cm

21针10cm

爆米花针——4mm钩针

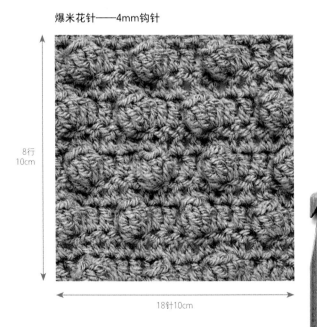

8行
10cm

18针10cm

泡芙针——4mm钩针

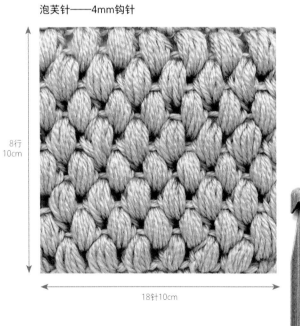

8行
10cm

18针10cm

收尾工作

给你的钩织作品做好收尾工作可以让作品看起来更出色。这个部分将涵盖一些让作品看起来更专业的常见技法：定型、藏线头、拼接等。

做笔记

在钩织过程中，用笔记本记录所有钩织细节是一个很棒的想法。你觉得自己可以用心记住用到的线，可以采购材料的店铺，需要用到多少团的线或怎么改版，但这不可能！所以在过程中，稍微做一些记录。如果你想要摆脱图解、选用其他线或自己做设计并写图解给他人，这就更重要了。

给小样系标签

制作钩织密度小样（详见第24~25页）是一种很好的练习方式，就像钩一个方形织片只是为了尝试有趣的新针法。你可以在文具店购买小标签，最好是有挂绳的，将线和钩针型号写在上面，然后系在小样一角，并卷起来放到避光处，防止字体褪色（最好放一个薰衣草香囊防蛀虫）。

记录线的信息

所有关于线的信息，包括洗涤说明，在线团标签上有标注（也就是每团毛线的腰封上）。记录这些信息最快的方式就是在一切开始前剪下一段线，将线头系在标签上。你可以随你喜欢将标签贴在笔记本里、存在卡片查阅系统或者塞在金属盒里。但这些方式真的很值得去做，可以减少后续很多麻烦。

定型

如果小样不平整或边缘卷曲，不用担心，可以用蒸汽定型。这就是图片里的织物看起来很平整的原因。

1 用珠针将织片小样固定在熨烫板上，调整成想要的形状和尺寸（织片越大，所需珠针越多）。将中心的珠针取走，用尺子、板子或方形工具让形状更完美更精准——这个步骤越细致，效果越好。

2 蒸汽熨斗灌上水，调为蒸汽模式。如果想想保留织片表面可爱的立体纹理，尤其是泡泡针、爆米花针和泡芙针，就不要直接用熨斗压织片，而是悬挂在织片上方，按压蒸汽功能按钮，直到织片完全被蒸汽润湿。织片仍然固定在板子上直到完全晾干。最后取下所有珠针，你会发现达到了预期效果！

藏线头

钩织完预留的线头用钩针沿着反面的纹理随意挑线藏起来（如果沿着直线藏线头容易散掉）。最后预留的线头最好是5cm左右，如果线头长于10cm，可以用钝头缝针挑线圈藏线头。你可以在藏了大约5cm的线头后将多余的线头剪断。藏线头是一个相当无趣的步骤，所以下列两种方法可以避免藏线头。

边钩边藏线头

当换线或换色时，将预留的线头在下行针的线圈上绕几针。钩织泡泡针、爆米花针和泡芙针时不适用，在钩织基础针法的时候采用这个方法相对简单。用钩针来绕线头会容易很多。

不断线带线

在钩织条纹花样时，如果后面的钩织还需要用到一样的颜色，就不需要断线，在下一次钩织的时候将线带上来即可。这个方法只适合每2行换一次颜色的情况，都得在下次用线的一侧进行换线。

拼接

拼接织片的方法有两种。你可以用钝头缝针缝合，也可以用钩针钩织拼接。无论哪种方法，都需要使用与织片同色的线。如果2个织片颜色不同，选其中一个颜色即可。如果线有其他纹理或太粗，试着找出稍细一些的适当颜色的线，这样容易穿过针眼。

小窍门

- 当有泡泡针、泡芙针或爆米花针时，建议在每一行首尾钩织基础长针或中长针（和当前这一行特殊针法对应长度的针法），这样你可以在拼接侧边的时候看得更清楚。
- 在拼接前用蒸汽定型（详见第27页）每个织片——这样织片之间会匹配得更容易。
- 虽然起针位置的线圈不是那么明显，但是拼接起针和最后一行位置会容易很多，只要1针对应1针挑线圈即可。按照经验法则：在短针侧边拼接1针，在长针侧边拼接2针。你可以自主选择，但是要特别注意1行对应1行，1个条纹对应1个条纹。如果每个位置拼接太多针，接缝处就会出现褶皱。如果拼接太少针，拼接的花片会缩紧。为了确定位置，先用珠针固定。

缝合拼接

缝合拼接的针法有很多，这里介绍2种常见针法：回针缝和锁链缝。

回针缝：将2个织片正面相对用珠针固定好后，用钝头缝针均匀地沿着边缘回针缝。最后打结固定好，不然容易散开。这样缝合得不仅牢固，并且在正面看不出来线迹，但是缝合位置会比较厚实。

锁链缝：将2个织片正面相对用珠针固定好后，用钝头缝针均匀地沿着边缘锁链缝。这样缝合得不仅牢固，而且在正面看不出来线迹，但是缝合位置会比较厚实。

拼接的两种工具——钩针和钝头缝针

钩织拼接

钩织拼接的方法有很多，这里介绍几种常见的。首先，同时在两个织片上钩织短针[A]。如果在反面用这个方法钩织，正面线迹较为隐形[B]，但如果在正面用这个方法钩织就会有一条锁针链[C]。如果用不同色的线钩织则会更明显。

你也可以在两个织片之间钩织一条Z字形的拼接带，也就是分别在两个织片上各钩1针短针，短针之间钩锁针连接[D]。这样的钩织方法形成一个独特的设计。有一点要注意，在多个花片拼接中使用这个方法将大大增加最后的成品尺寸。

在拼接作品中拼接多个花片时，先将花片拼接成一个个的长条并定型，最后将花片长条拼接在一起[E]。通常拼接作品最后都需要钩边完成。

A-同时在两个织片上钩织短针：将2个织片正面相对用珠针固定好后，将钩针同时穿入两个织片的边缘线圈钩织一排短针。

B-在反面钩织短针：用蒸汽定型拼接位置，使得正面的拼接位置如图一样平整。在反面还是有一条锁针链。

C-在正面钩织短针：锁针链形成了一个独特的设计。

D-钩织Z字形拼接带：Z字形花边的效果是通过在两个织片上各钩1针短针，短针之间钩1针锁针连接形成的，同一个织片上的2针短针之间间隔1针不钩。

E-制作花片长条以及长条拼接：拼接好2个花片长条，然后用同样的方法将未连接的长条边缘拼接在一起。

第2章
技法

　　泡泡针、爆米花针和泡芙针是很万能的钩织针法，所以在每种针法开头的部分，你会发现最基础、最传统的针法教程。用不同类型的线材和钩针练习钩织这几种针法可以激发很多设计灵感。当你准备就绪，就可以进一步尝试这些技法的变形。

砖墙花样
详见第34页

风车花样
详见第46页

单面立体花样
详见第39页

波尔卡泡泡花样
详见第42页

泡泡针

　　一个泡泡针是在同一个位置钩织一组未完成针（通常为长针），最后在顶部挂线钩织在一起。一个 3 针的泡泡针非常稀松扁平，它的纹理在视觉上比手感更明显，但是增加更多的未完成针数，泡泡针就会变得圆鼓鼓、更立体，正是因为这一点，让泡泡针成为三种针法中用途最广的一种。从精致的爱尔兰蕾丝作品到超级厚实的家居用品、配件和服装，泡泡针经常出现在手工作品中。泡泡针的技法比爆米花针和泡芙针要求稍微低一些，但它为钩织探索并开辟了许多新的道路，是钩织技法里很重要的一部分。

3针的泡泡针
　　泡泡针的组成针数随意，针数越多，越立体。这里的泡泡针是在一排短针上钩织标准的3针的泡泡针（详见第34页"砖墙花样"）。

视频片段
　　观看视频钩织一个3针的泡泡针（详见第33页）。该视频可以指导你如何钩织。想要访问该视频，可扫描后勒口二维码观看。

钩织一个标准的3针的泡泡针

在锁针链或者第1行的短针线上钩织

起立针

1 在图解中对应的位置开始钩织长针（也就是：钩针挂线，穿入线圈，挂线将线引拔出，挂线，从钩针上的前2个线圈里引拔出）。在完成长针最后一步前停止，钩针上剩下2个线圈。

在同一个位置钩出2针未完成的长针

2 按照第1针的方法，开始在同一个位置钩第2针长针，同样在最后一步挂线前停止（也就是：钩针挂线，穿入线圈，挂线将线引拔出，挂线，从钩针上的前2个线圈里引拔出，停止钩织，钩针上剩下3个线圈）。

3 按照前2针的方法，开始钩织第3针长针，仍然在最后一步挂线前停止。现在同一个位置有3个针柱，钩针上有4个线圈（第4个线圈是起立针）。

泡泡针

4 钩针挂线，将线圈一次性从钩针上的4个线圈里引拔出，钩针上剩下1个线圈。这就完成了一个3针的泡泡针。

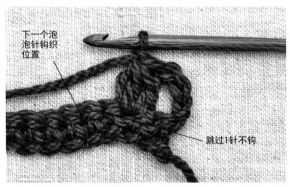

下一个泡泡针钩织位置

跳过1针不钩

5 钩织1针锁针将泡泡针塑形。这针锁针同样也是连接2个泡泡针的"间隔"锁针。

1针锁针的空隙

6 在接下来的几行里，每个泡泡针对应的钩织位置是2个泡泡针之间的锁针空隙（详见第34页砖墙花样）。

砖墙花样

　　这个在2个泡泡针之间叠加钩织泡泡针的结构——每行结构就像砌砖——是大家最喜欢、最熟悉的一种。

　　一旦你钩织完第1行的泡泡针，并开始在泡泡针之间的空隙钩织泡泡针时，就会发现钩起来轻松顺手。这个花样用于制作保暖的织物，适用范围广，可以钩围巾、斗篷、手套、无檐帽、泡泡帽和宝宝毯子。

技能学习 | 在同一个位置钩织多针

倒数第7针锁针

1 按照钩织符号图起针（在下一页的说明里为25针锁针）。
第1行：在倒数第7针锁针上钩1个3针的泡泡针（详见第33页中标准的3针泡泡针的步骤1~4）。

跳过锁针链上的1针锁针不钩

2 1针锁针（这个锁针在2个泡泡针之间形成间隔，同时将泡泡针塑形）。跳过锁针链上相邻的1针锁针位置不钩，在相邻第2针锁针上钩1个3针的泡泡针。继续按照1个泡泡针，1针锁针交替钩织，泡泡针之间跳过下方1针锁针不钩。

变形
试着每行换一次颜色（详见第19页）。双色的行数是由2根线合成1根线钩织而成。每行的线头藏在织片四边的短针钩边里。

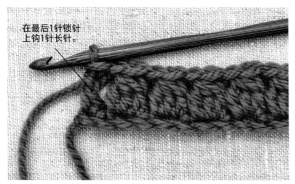

在最后1针锁针上钩1针长针。

3 一直钩织到剩下2针锁针的位置。跳过1针不钩，在最后1针上钩1针长针（而不是钩织整个泡泡针）。翻转织片。可以看出，这行的泡泡针之间有1针锁针间隔开，在两端分别有1个"针柱"。

4 在下一行以及后面的几行里，起始位置钩织3针锁针的起立针（起立针相当于1针长针），然后按照"1针锁针，1个泡泡针"的组合钩织完每行，每个泡泡针都在锁针空隙里钩织。每行最后一针都在上一行起立针上钩1针长针。要注意图纸里第2行和第3行之间的细微差别，后面的钩织重复这2行。

试试这个！

钩织一条只有8行的简单长围巾，起针300针，然后每行钩织150个泡泡针，最后在围巾两个短边制作流苏。

图解

现在来看看这个花样特有的钩织符号如何表示。注意这个"特殊针法"的表示方法。通常假定你熟知基础针法——短针、长针等——也就是在第16页到第17页中所提到的"基础针法"。

特殊针法：3针的泡泡针（详见第33页），写作"bbl"。

钩25针锁针（2的倍数+5）。

第1行：在倒数第7针上（起立针算作1针长针，加上1针锁针）钩1个泡泡针，[1针锁针，跳过1针锁针，在下一针钩1个泡泡针]重复8次，1针锁针，跳过1针锁针位置不钩，在最后1针锁针上钩1针长针，翻转织片——9个泡泡针，10个锁针空隙，2针长针。

第2行：3针锁针的起立针，在下方长针和泡泡针之间的锁针空隙里钩1个泡泡针，[1针锁针，在相邻锁针空隙里钩1个泡泡针]重复9次，在最后1针上钩1针长针——10个泡泡针，2针长针，8个锁针空隙。

第3行：4针锁针的起立针（起立针算作第1针，加上1针锁针），[在相邻的锁针空隙里钩1个泡泡针，1针锁针]重复9次，1针锁针，在下方起立针上钩1针长针。

连续重复第2行和第3行。

缩写

常用缩写列表在第94页。下面是该图解里使用的特殊针法。
bbl＝3针的泡泡针（详见"特殊针法"）
1-ch sp＝由1针锁针形成的空隙

符号说明

⊖ 锁针

 长针

3针的泡泡针

▶ 起点

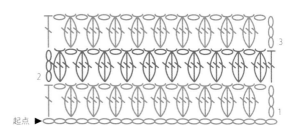

起点▶

祖母方块花样

　　这个花样就是标准的"祖母方块"或阿富汗方块。但是它打破常规，在中间用3针的泡泡针钩织，看起来像雏菊花瓣。

　　每个花瓣之间用3锁针间隔开，在钩织下一圈时（标准针组合）这3锁针就被遮住了。主色仅使用一种颜色钩织标准针法来突出雏菊效果。不管是继续钩织长针组合的圈数来扩大花片尺寸，还是用不同颜色钩织一圈短针钩边都可以。

技能学习 | 圈钩方形花片

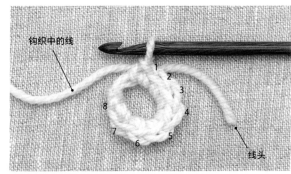

钩织中的线

线头

1 用A线绕线作环起针（详见第18页），然后钩1针锁针，接着在环里钩8针短针，不要重叠在一起。如果需要的话，可以让它们紧凑一些，腾出空间，最后钩织1针引拔针，断线。

3针锁针

2 钩针穿入任意一针，用B线挂线并将线钩出。钩2针锁针作为起立针（算作第1针），在起立针下方对应的同一个位置里，再钩2针未完成的长针完成第1个泡泡针。钩织3针锁针，然后在下一针上钩1个3针的泡泡针。

变形
用A线和B线交替钩织出不同配色的花朵，主色和钩边所用颜色仍然不变，保持风格统一。

3 继续按照 "3针锁针和1个泡泡针" 交替钩织直到钩织完成8个泡泡针,最后钩织完3针锁针后在第1个泡泡针上引拔结束。这个 "圆" 在下一圈钩织时就会变成一朵 "花"。断线。

1组花样
3针锁针
下一个拐角的组合位置
拐角的2组花样

4 在任意一个3针锁针的空隙里加入C线,并钩织3针锁针作为起立针(算作第1针)。再在同一个空隙里钩2针长针、3针锁针和3针长针(形成拐角)。在下一个空隙里钩3针长针(1组花样)。在每个拐角钩3针锁针分隔开2组花样,每边钩1组花样完成这1圈。

提示

后面几圈的 "祖母方块" 钩织方法相似,在拐角位置的同一个空隙里钩2组花样,在其他边的每个空隙里分别钩1组花样。具体参照符号图解。

缩写

常用缩写列表在第94页。下面是该图解里使用的特殊针法。
bbl=3针的泡泡针(详见 "特殊针法")
3-ch sp=3针锁针的空隙(钩织3针锁针形成的空隙)
2trtog=长针2针并1针(详见第21页)

符号说明

◦ 锁针
⟜ 锁针引拔针
⊚ 绕线作环
✚ 短针
┼ 长针
✦ 3针的泡泡针
✦ 长针2针并1针
▶ 起点

图解

A线用于花朵中心,B线用于花瓣,C线用作主色,D线用于钩边。

特殊针法: 3针的泡泡针(详见第33页),写作 "bbl"。

用A线绕线作环起针(详见第18页)。

第1圈: 1针锁针的起立针,在环里钩8针短针,引拔结束,断线,将环拉紧——8针。

在任意一针里加入B线。

第2圈: 2针锁针的起立针,在同一位置钩长针2针并1针(第1个泡泡针完成),在每针上分别钩(3针锁针,1个泡泡针),3针锁针,在第1个泡泡针上引拔结束,断线——8个泡泡针,8个锁针空隙。

在任意一个锁针空隙里加入C线。

第3圈: 在同一个空隙钩(3针锁针,2针长针,3针锁针,3针长针),*在相邻锁针空隙里钩3针长针,在相邻锁针空隙里钩(3针长针,3针锁针,3针长针),从*位置开始重复3次,在相邻空隙里钩3针长针,在起立针上引拔结束,除非换色,否则不要断线。

第4圈: 在相邻2针长针上各钩1针引拔针,在第1个锁针空隙里钩1针引拔针,在同一个空隙里钩(3针起立针,2针长针,3针锁针,3针长针),*[在相邻的锁针空隙里钩3针长针]重复2次,在相邻锁针空隙里钩(3针长针,3针锁针,3针长针),从*位置开始重复3次,[在相邻锁针空隙里钩3针长针]重复2次,在起立针上换A线引拔结束。

第5圈: 用A线钩织,1针起立针,在引拔针同一个位置钩1针短针,在相邻2针长针线圈上各钩1针短针,*在锁针空隙里钩5针短针,12针短针,从*位置开始重复3次,在锁针空隙里钩5针短针,9针短针,在第1针短针上引拔结束,断线。

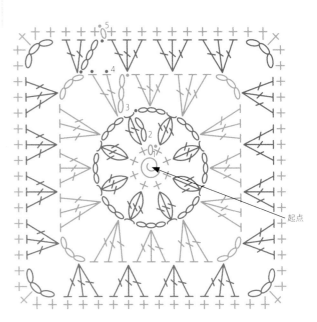

5
4
3
2
起点

泡泡陀罗花样

使用3针的泡泡针（详见第33页）。这个小样织片和祖母方块花片一样从中心开始绕线作环起针钩织（详见第36页）。

之所以叫作泡泡陀罗是为了向"曼陀罗"致敬，是我给这种圆形桌垫取的新名称。

技能学习｜绕圈钩织一个圆片

图解

特殊针法：

3针的泡泡针（详见第33页），写作"bbl"。

3针锁针的狗牙拉针——3针锁针，在第1针锁针上引拔。

用A线绕线作环起针（详见第18页）。

第1圈： 3针锁针的起立针，在环里钩长针2针并1针（第1个泡泡针完成），[3针锁针，1个泡泡针]重复5次，3针锁针，在起立针上引拔结束，断线——6个泡泡针。

在任意一个锁针空隙里加入B线。

第2圈： 2针锁针的起立针，在起立针对应的同一个空隙钩长针2针并1针（第1个泡泡针完成），3针锁针，在第1个泡泡针对应的同一个空隙里钩1个泡泡针，*[3针锁针，在相邻空隙里钩1个泡泡针，3针锁针，在同一个空隙里再钩1个泡泡针]重复5次，3针锁针，在起立针上引拔结束，断线——12个泡泡针。

在任意一个锁针空隙里加入C线。

第3圈： 2针锁针的起立针，在起立针对应的同一个空隙钩长针2针并1针（第1个泡泡针完成），3针锁针，在第1个泡泡针对应的同一个空隙里钩1个泡泡针，*在相邻锁针空隙里钩（3针锁针，1个泡泡针），在相邻锁针空隙里钩（3针锁针，1个泡泡针，3针锁针，1个泡泡针），从*位置开始重复5次，3针锁针，在相邻锁针空隙里钩1个泡泡针，3针锁针，在起立针上引拔结束，断线——18个泡泡针。

在任意一个锁针空隙里加入A线。

第4圈： 1针锁针的起立针，在每个空隙里钩（2短针，1个3针锁针的狗牙拉针，1针短针），在起立针上引拔结束，断线。

缩写

常用缩写列表在第94页。下面是该图解里使用的特殊针法。

bbl=3针的泡泡针（详见"特殊针法"）
pct=3针锁针的狗牙拉针（详见"特殊针法"）
3-ch sp=钩织3针锁针形成的空隙
2trtog=长针2针并1针（详见第21页）

符号说明

锁针
引拔针

绕线作环

短针

长针2针并1针

3针的泡泡针

3针锁针的狗牙拉针

► 起点

小窍门

要注意分清哪个空隙里钩织2个泡泡针，哪个空隙里只钩织1个泡泡针。最后一圈能学到如何钩织狗牙拉针。

单面立体花样

在这些泡泡针之间钩织中长针而不是钩织锁针，每个泡泡针包含4针长针，每2行泡泡针之间钩织1行短针。

这些不同点改变了成品最后的效果，形成了单面纹理，变得更加立体。

技能学习 | 通过钩织间隔行形成单面纹理

图解

特殊针法：4针的泡泡针（和第33页中3针的泡泡针钩织方法相似，只是多钩织1针未完成长针），写作"bbl"。

钩20针锁针。

第1行：在倒数第2针锁针上钩1针短针，18针短针，翻转织片——19针。

第2行：2针锁针的起立针，[1个泡泡针，1针中长针]重复9次，翻转织片——9个泡泡针，10针长针（包含起立针在内）。

第3行：1针锁针的起立针，19针短针——19针。

第4行：2针锁针的起立针（算作第1针），[1针中长针，1个泡泡针]重复8次，在最后2针上各钩1针中长针，翻转织片——8个泡泡针，11针长针（包含起立针在内）。

第5行：同第3行。

连续重复第2~5行。

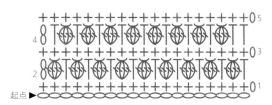

缩写

常用缩写列表在第94页。下面是该图解里使用的特殊针法。

bbl=4针的泡泡针（详见"特殊针法"）

符号说明

⊙ 锁针

+ 短针

T 中长针

✻ 4针的泡泡针

▶ 起点

泡泡浆果花样

浆果针也就是小泡泡针，钩起来较快。

在这个小样织片里，你看见的只是浆果针排列的其中一种方式——在一片短针里独立的几何形状。单独钩织一行或两行浆果针用于钩边或整片全部钩织浆果针都会有同样的效果。

技能学习 | 将针法群组拼成图案

图解

特殊针法： 浆果针（bry）——钩针挂线，穿入线圈，挂线将线钩出，钩针再次挂线并从钩针上的第1个线圈里引拔出（现在钩针上有3个线圈）；钩针挂线，穿入线圈，挂线将线引拔出，挂线并将线一次性从钩针上的5个线圈里引拔出。

钩20针锁针。

第1行： 在倒数第2针锁针上钩1针短针，18针短针，翻转织片——19针。

第2行： 1针锁针的起立针（不算作第1针），19针短针——19针。

第3行： 1针锁针的起立针（不算作第1针），3针短针，1针引拔针，1个浆果针，1针引拔针，7针短针，1针引拔针，1个浆果针，1针引拔针，3针短针，翻转织片。

第4行： 同第2行。

第5行： 1针锁针的起立针，2针短针，[1针引拔针，1个浆果针]重复2次，1针引拔针，5针短针，[1针引拔针，1个浆果针]重复2次，1针引拔针，2针短针，翻转织片。

第6行： 同第2行。

第7行： 1针锁针的起立针，1针短针，[1针引拔针，1个浆果针]重复3次，1针引拔针，3针短针，[1针引拔针，1个浆果针]重复3次，1针引拔针，1针短针，翻转织片。

第8行： 同第2行。

第9行： 同第5行。

第10行： 同第2行。

第11行： 同第3行。

第12行： 同第2行。

连续重复第3~12行。

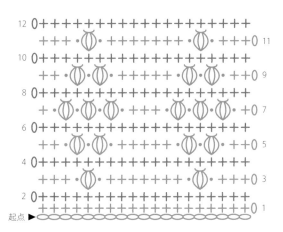

缩写

常用缩写列表在第94页。
下面是该图解里使用的特殊针法。
bry=浆果针

符号说明

⬯	锁针
•	引拔针
+	短针
⬭	浆果针
▶	起点

提示

· 每个浆果针两端各有1针引拔针。

· 钩织浆果针时，会在另外一面呈现形状，所以你在钩织浆果针这一行的时候是反面朝向自己，而织物并不是双面的。

· 钩完浆果针这一行后，下一行钩织短针。

钻石泡泡花样

钻石泡泡花样是由2行泡泡针组成钻石形状。

在钩织第1行泡泡针时，也就是从泡泡底部逐渐变宽的过程，在第2行泡泡针里，再收紧完成一个泡泡形状。这2行的泡泡针相对平坦，所以右图织物的特点是偏向网格镂空，而不是富有立体感。

技能学习 | 加针和减针

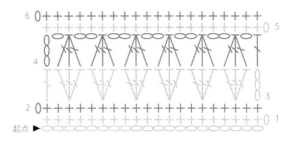

图解

钩21针锁针。

第1行：在倒数第2针锁针上钩1针短针，19针短针，翻转织片——20针。

第2行：1针锁针的起立针，20针短针，翻转织片——20针。

第3行：3针锁针的起立针（算作第1针），跳过1针不钩，[在相邻短针上钩3针长针，跳过2针不钩]重复5次，在下一针上钩3针长针，跳过1针不钩，在最后1针上钩1针长针——20针（包含起立针在内）。

第4行：4针锁针的起立针，[长针3针并1针，2针锁针]重复5次，长针3针并1针，1针锁针，在起立针上钩1针长针，翻转织片。

第5行：1针锁针的起立针，在第1针长针上钩1针短针，在相邻锁针空隙里钩1针短针，[在并针上钩1针短针，在相邻空隙里钩2针短针]重复5次，在相邻并针上钩1针短针，在相邻空隙里钩1针短针，在最后1针起立针上钩1针短针，翻转织片——20针。

第6行：同第2行。

连续重复第3~6行（小样一共有18行）。

缩写

常用缩写列表在第94页。下面是该图解里使用的特殊针法。

3trtog=长针3针并1针（详见第2页）

符号说明

⊙ 锁针

+ 短针

┬ 长针

长针3针并1针

▶ 起点

波尔卡泡泡花样

　　波尔卡泡泡花样最主要的特点就是换色，在双色小样织片里，钩织波点的线藏在主色线里面，只浮现出一个个的泡泡。

　　步骤里的技法只适用于2种颜色搭配的行数；暂时不钩织的线包裹在正在钩织的线里。这样钩织出来的织物是单面的。如果在同一行用到超过2种颜色的线，例如下图中彩色小样，你可以使用提花的方法（详见第54页），在需要的时候加入新线，然后断线。

技能学习 ｜ 在一行里换色

1 B线沿着上一行放置，在织物右端预留出一段线，线团在左边；用A线边钩织边包裹着B线。这种方法就能将线包裹着并带线到需要的位置。

2 完成泡泡针之前，换B线开始钩织泡泡针，请确保A线放在前面，并包裹在泡泡针里。

变形
试着将波点排列在同一条线上，而不是交错分布（这样只需连续重复第2行和第3行）。或者使用一种主色当作背景色，然后钩织多色波尔卡泡泡花样，只有在需要换色的时候加入新线，钩织完后就断线。

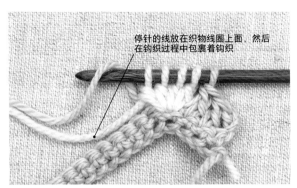

停针的线放在织物线圈上面，然后在钩织过程中包裹着钩织

钩织4针的泡泡针并在最后一次挂线时换回A线钩织（线在泡泡针左侧）并一次性从钩针上的5个线圈里引拔出，将B线放在前面并包裹着钩织。

小窍门

要钩织的线从织物后面拿起，然后停针的线放在前面——换色时就如此交换。

图解

特殊针法：4针的泡泡针（和第33页中3针的泡泡针钩织方法相似，只是钩织4针未完成长针），写作"bbl"。

用A线钩20针锁针。

第1行：在倒数第2针锁针上钩1针短针，18针短针，翻转织片——19针，不要断线。

第2行：3针锁针的起立针（算作第1针），包裹着B线，在相邻2针上各钩1针长针，[包B线，在下一针上钩1个泡泡针，并在最后一次挂线时换成A线，在相邻3针上各钩1针长针]重复4次，翻转织片——4个泡泡针，15针长针（包含起立针在内）。

第3行：3针锁针的起立针，包裹着B线，钩18针长针（注意在上一行起立针上也要钩织1针），翻转织片——19针长针（起立针包含在内）。

第4行：继续用A线边钩织边包裹着B线，3针锁针的起立针，[换B线，在下一针上钩1个泡泡针，并在最后一次挂线时换成A线，继续包裹着B线钩织，在相邻3针上各钩1针长针]重复5次，最后1次省略最后2针的步骤，翻转织片——5个泡泡针，14针长针（包含起立针在内）。

连续按照第3行、第2行、第3行、第4行这样的顺序重复到想要的长度，小样为13行。

缩写

常用缩写列表在第94页。下面是该图解里使用的特殊针法。
bbl=4针的泡泡针（详见"特殊针法"）

符号说明

O 锁针

+ 短针

T 长针

4针的泡泡针

► 起点

双色

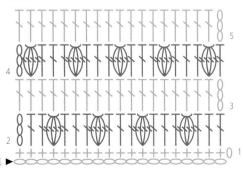

起点►

长斜泡泡花样

此处泡泡针针柱变长，并稍微倾斜。

用更高一些的针法（长长针），让泡泡针轮廓更纤细，形成一个叶子或花瓣样式。和许多锁针结合，可以钩织出很像花朵或棕榈树的镂空设计。钩织两个泡泡针，并在中间形成较大空隙，这样便于泡泡针散开，花样只有在重复钩织四五行后才会呈现完整性——所以坚持下去！

技能学习｜在镂空花样中使用锁针

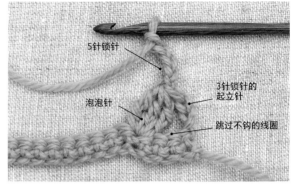

1 首先钩织锁针链和第1行短针。开始钩织第2行，先钩起立针，然后跳过起立针下方的线圈和相邻2针不钩，在相邻的线圈上钩1个长斜泡泡针，再钩5针锁针。

2 为了完成"一对"泡泡针，就要在第1个泡泡针同一个位置再钩1个泡泡针。前面钩织的5针锁针会将这2个泡泡针顶部分开，并分别向两边倾斜。在开始钩织下一对泡泡针前无需钩织锁针。

变形

为了达到不同效果，使用2种颜色的线钩织（详见左上图）。先用A线钩织3行短针，再换B线钩织3行花朵样式（图解说明中的第2行，第3行和第4行），再换回A线钩织3行短针。这样钩织出来的小样既有平整的条纹样式，又突出花朵形状。

后面5针在锁针空隙里钩织（包裹着锁针）

第1针在线圈上钩织

空隙

3 钩织第3行时，在上一行第1针长针上钩1针短针，其余都在空隙里钩织。

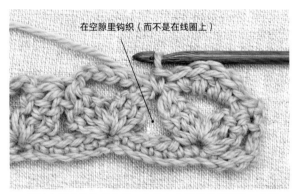

在空隙里钩织（而不是在线圈上）

4 即使在两个泡泡针之间，也是在空隙里钩织短针。窍门：保持计算针数，并且注意不要漏掉两端的针。

图解

特殊针法：长斜泡泡针——在同一位置钩长长针3针并1针，此处写作"llbbl"。钩针挂线2次，穿入线圈，挂线将线引拔出，[挂线并从前2个线圈里引拔出]重复2次，从*位置开始重复2次（所有针都在同一个位置钩织），挂线并一次性从4个线圈里引拔出。

钩20针锁针。

第1行： 在倒数第2针锁针上钩1针短针，18针短针，翻转织片——19针。

第2行： 3针锁针的起立针（算作第1针），跳过2针不钩，*在下一针上钩（1个长斜泡泡针，5针锁针，1个长斜泡泡针），跳过下5针不钩，从*位置开始重复2次，在下一针上钩（1个长斜泡泡针，5针锁针，1个长斜泡泡针），跳过相邻2针不钩，在最后1针上钩1针长长针，翻转织片。

第3行： 1针锁针的起立针（不算作1针），在长针上钩1针短针，*在相邻5针锁针空隙里钩（1针短针，1针中长针，1针长针，1针中长针，1针短针），在相邻2个泡泡针之间的空隙钩1针短针，从*位置开始重复2次，在相邻5针锁针空隙里钩（1针短针，1针中长针，1针长针，1针中长针，1针短针），在起立针上钩1针短针，翻转织片。

第4行： 5针锁针（3针锁针的起立针算作第1针，加上2针间隔锁针），在起立针下方对应的位置钩1个长斜泡泡针，*跳过相邻5针不钩，在第6针上钩1个长斜泡泡针（提示：这个泡泡针在3针短针的中间1针线圈上钩织），5针锁针，在上一个泡泡针同一个短针上钩1个长斜泡泡针，从*位置开始重复2次，跳过5针不钩，在起立针上钩（1个长斜泡泡针，2针锁针，1针长针），翻转织片。

第5行： 3针锁针的起立针（算作第1针），在2针锁针空隙里钩（1针中长针，1针短针），*在2个泡泡针之间的空隙里钩1针短针，在相邻5针锁针空隙里钩（1针短针，1针中长针，1针长针，1针中长针，1针短针），从*位置开始重复1次，在相邻2个泡泡针之间的空隙里钩1针短针，在2针锁针空隙里钩（1针短针，1针中长针），在起立针上钩1针长针，翻转织片。

连续重复第2~5行。

缩写

常用缩写列表在第94页。下面是该图解里使用的特殊针法。
llbbl=长斜泡泡针（详见"特殊针法"）

符号说明

○ 锁针

+ 短针

T 中长针

T 长针

长斜泡泡针

▶ 起点

单色小样

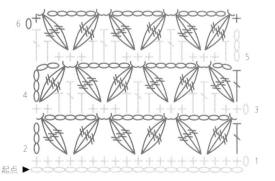

起点 ▶

风车花样

这些风车花样会让人想起钻石泡泡花样里减针和加针结合的技法（详见第41页），但是除此之外，在中间还加入了水平移动之后形成的可爱泡泡针，不仅增加了乐趣，也能提升钩织镂空花样的技能。

这种针法最早出现在亚麻蕾丝衣物上，但是在现在更多用粗线钩织。尽管有些不同，你还是可以发现，实际上它还是由几针底部或顶端拉紧在一起的针法组成。这些小小的横向泡泡针对于你的钩织技法，是一种很有用的补充。

技能学习 | 在镂空花样里使用泡泡针

1 用A线完成第1行和第2行，并且在最后一次挂线时换B线后，钩4针锁针（3针锁针的起立针，加上1针锁针），然后钩长针3针并1针，实际减少了2针（详见第21页）。

倒数第3针锁针

2 为了补上减掉的针数，并保持织物平坦，钩织1个移动泡泡针。也就是在减针的三角形顶端先钩织3针锁针，钩针挂线，穿入倒数第3针锁针里。

变形

作为该针法的变形，你可以去掉简单的条纹部分，只保留风车花样（见左下图）。钩织20针锁针然后从第3行开始钩织，连续重复第3行和第4行。

3 钩针再挂线将线引拔出线圈，钩针上有3个线圈，挂线穿过前2个线圈，钩针上剩下2个线圈。钩针挂线，穿入同一个位置，然后重复前面的步骤。

4 最后，挂线一次性从钩针上的3个线圈里引拔出，然后按照第1处减针方法，钩织下一处减针。泡泡针就横在2处减针之间。

小窍门

在下一行钩织加针的时候，钩织位置靠近泡泡针右边，也就是三角形顶端很小的那个线圈里。

图解

特殊针法：移动泡泡针（tbob）——3针锁针，钩针挂线，穿入倒数第3针锁针，挂线将线钩出，挂线并将线从前2个线圈里引拔出，钩针挂线，穿入同一个位置，将线引拔出，挂线将线从前2个线圈里引拔出，挂线并一次性将线从钩针上的3个线圈里引拔出。

用A线钩21针锁针。
第1行：在倒数第2针锁针上钩1针短针，19针短针，翻转织片——20针。
第2行：1针锁针的起立针（不算作1针），20针短针，并在最后一次挂线时换成B线，翻转织片——20针。
第3行：用B线钩4针锁针（3针锁针的起立针算作第1针，加上1针锁针），[长针3针并1针，1个移动泡泡针]重复5次，长针3针并1针，1针锁针，1针长针，翻转织片。
第4行：3针锁针的起立针（算作第1针），跳过1针锁针不钩，在上一行减针线圈上钩3针长针，[跳过移动泡泡针不钩，在相邻减针线圈上钩3针长针]重复5次，跳过1针锁针不钩，在起立针上钩1针长针，并在最后一次挂线时换成A线，翻转织片。
第5行：用A线钩1针锁针的起立针（不算作第1针），19针短针，翻转织片——10针。
第6行：同第5行，并在最后一次挂线时换成C线。
连续重复第3~6行。

符号说明

○ 锁针
十 短针
⊤ 长针
长针3针并1针
移动泡泡针
► 起点

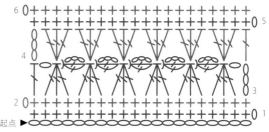

起点►

条纹爆米花花样
详见第52页

爆米花针郁金香花样
详见第61页

零星的玉米花样
详见第50页

圆形爆米花花样
详见第53页

爆米花针

　　爆米花针看起来较为明显，跟泡泡针一样是由一组针（通常为5针）组成。不同的是爆米花针钩织的是完整的长针，最后再钩一个线圈将长针拉紧在一起，形成一个大鼓包。爆米花针厚实并且很突出，毫无疑问，用少量的爆米花针也能有很明显的效果。这些特点可能会带来一系列令人惊叹的效果，可以是"传统的"，也可以是"疯狂的"。在数十年里，它出现在床罩和披肩上、手提包和帽子上，并将继续激发着设计师们创作出更多从日常到高级定制的作品。

5针的爆米花针

　　爆米花针圆鼓鼓的形状像一个茶杯。最开始的步骤像加针或钩织扇形针法，因为所有的长针在同一个位置钩织。

视频片段

　　观看视频钩织一个5针的爆米花针（详见第49页）。该视频可以指导你的钩织步骤。想要访问该视频，可扫描后勒口二维码观看。

钩织一个标准的5针的爆米花针

1 在钩织符号图所示的位置钩织5针长针——对，5针！你可能会怀疑在1针的线圈里怎么容纳下5针，然后你会看见线圈会慢慢变大。这5针长针形成一个扇形（实际上这就是钩织扇形花样的方法）。

2 接下来的步骤可能有点不符合正常钩织方法，因为需要将钩针从线圈上取下。但只是暂时的。

3 钩针同时穿入扇形花样第1个长针的前后2个线圈。不要拖拽松开的那个线圈，否则会脱线。

4 现在钩针重新穿入松开的线圈，挂线并将线一次性从钩针上的所有线圈里引拔出。此时，所有的长针都缩紧在一起，形成了非常立体的小杯子形状的一块——爆米花针。

零星的玉米花样

　　"零星的玉米花样"结构和42页的波尔卡泡泡花样钩织符号图相似，是一种对爆米花针的简单运用。

　　有纹理的针法和基础针法结合并交替出现在2行里，让爆米花针都呈现在织物的同一面。在同一行里爆米花针位置交替，也使整体出现交错的重复图案。

| 技能学习 | 在同一个位置钩织多针，爆米花针的位置呈现交错结构 |

图解

特殊针法：5针的爆米花针（pc）——详见第49页。

钩21针锁针（4的倍数+3）。

第1行：在倒数第4针锁针上钩1针长针，18针长针，翻转织片——19针。

第2行：3针锁针的起立针（算作第1针），2针长针，[1个爆米花针，3针长针]重复4次，翻转织片——15针长针，4个爆米花针。

第3行：3针锁针的起立针（算作第1针），18针长针，翻转织片——19针。

第4行：3针锁针的起立针（算作第1针），[1个爆米花针，3针长针]重复4次，1个爆米花针，在起立针上钩1针长针——14针长针，5个爆米花针。

按照下列顺序连续重复：第3行，第2行，第3行，第4行。

此处小样为11行。

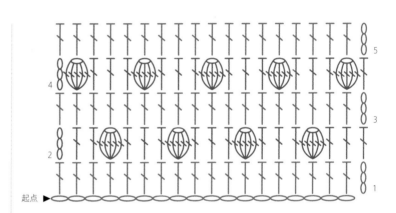

缩写

常用缩写列表在第94页。
下面是该图解里使用的特殊针法。
pc=5针的爆米花针（详见第49页）

符号说明

⬭　锁针

╪　长针

🮑　5针的爆米花针

▶　起点

整排的玉米花样

　　玉米真的要"爆开"了！这个图解在2个爆米花之间运用了一个"V"形针。

　　镂空花样的技巧可以带来很大的纹理反差，并且透气透光。考虑到它垂坠感更好——更适合用来制作围巾和舒服的毛毯。

技能学习　"V"形针使用在镂空作品/蕾丝图案里

图解

特殊针法：

5针的爆米花针（pc）——详见第49页。

"V"形针——在同一个位置钩1针长针，1针锁针，1针长针。

钩18针锁针（4的倍数+1）。

第1行： 在倒数第2针锁针上钩1针短针，16针短针，翻转织片——17针。

第2行： 4针锁针的起立针（起立针算作第1针，加上1针锁针），*跳过1针不钩，1个爆米花针，跳过1针不钩，1个"V"形针，从*位置开始重复3次，跳过1针不钩，1个爆米花针，1针锁针，跳过1不钩针，1针长针，翻转织片——2针长针，3个"V"形针，4个爆米花针。

第3行： 1针锁针的起立针，17针短针，翻转织片——17针。

连续重复第2行和第3行。

此处小样为13行。

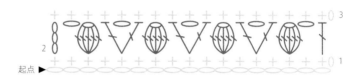

起点 ▶

缩写

常用缩写列表在第94页。下面是该图解里使用的特殊针法：

pc=5针的爆米花针（详见第49页）

符号说明

○　锁针

十　短针

￤　长针

　　5针的爆米花针

"V"形针

▶　起点

条纹爆米花花样

当你想要设计一些新东西时，技法的结合使用是乐趣的一部分。

在这个小样织片里，我们又增加了一种凹凸纹理，也就是穿插使用了外钩长针和内钩长针，形成了条纹效果，这个效果可以制作成独特的袖口、领口、斗篷或羊毛帽。

技能学习｜绕着针柱钩织外钩和内钩针

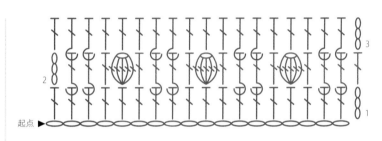

图解

特殊针法：

外钩长针（FPtr）——挂线，钩针从下方针法的针柱正面右侧入针，左侧出针，挂线，将线引拔出，接着按照标准长针的钩织方法，挂线将线从钩针上前2个线圈里引拔出并重复2次。

内钩长针（BPtr）——挂线，钩针从下方针法的针柱的背面右侧出针，左侧入针，挂线，将线引拔出，接着按照标准长针的钩织方法，挂线将线从钩针上前2个线圈里引拔出并重复2次。

钩21针锁针（5的倍数+6）。

第1行：在倒数第4针锁针上钩1针长针，18针长针，翻转织片——19针。

第2行：3针锁针的起立针（算作第1针），*2针外钩长针，1针长针，1个爆米花针，1针长针，从*位置开始重复3次，2针外钩长针，在起立针上钩1针长针，翻转织片——8针长针，8针外钩长针，3个爆米花针。

第3行：3针锁针的起立针（算作第1针），*2针内钩长针，3针长针，从*位置开始重复3次，2针内钩长针，在起立针上钩1针长针，翻转织片——19针（11针长针，8针内钩长针）。

连续重复第2行和第3行。

小样为13行。

缩写

常用缩写列表在第94页。下面是该图解里使用的特殊针法。
BPtr=内钩长针（详见"特殊针法"）
FPtr=外钩长针（详见"特殊针法"）
pc=5针的爆米花针（详见第49页）

符号说明

锁针

长针

外钩长针

内钩长针

5针的爆米花针

起点

圆形爆米花花样

这些圆形织片没有什么神秘感，多用来制作弹性很大的罩子、抱枕或舒适的卧室垫子。

这种厚实手感的织物用纯色系就很好看，清爽又经典，但是也可以借此机会试一试用你最喜欢的颜色搭配。

技能学习 | 绕线作环起针，控制好加针来钩织一个平整的圆形织片，在锁针空隙里钩织，换色

图解

特殊针法：5针的爆米花针（pc）——详见第49页。

用A线绕线作环起针（详见第18页）。

第1圈：在环里钩6针短针。

第2圈：3针锁针的起立针（算作第1个爆米花针里的第1针长针），完成第1个爆米花针里剩下的4针长针，3针锁针，在每个短针上都钩织（1个爆米花针，3针锁针），引拔针结束，断线——6个爆米花针，18针锁针。

第3圈：在任意一个3针锁针空隙里加入B线，3针锁针的起立针（算作第1个爆米花针里的第1针长针），完成第1个爆米花针里剩下的4针长针，3针锁针，在同一个锁针空隙里钩1个爆米花针，3针锁针，[在相邻锁针空隙里钩1个爆米花针，3针锁针，1个爆米花针，3针锁针]重复5次，在起立针上钩1针引拔针结束，断线——12个爆米花针，36针锁针。

第4圈：在上一圈开头2个爆米花针之间的3针锁针空隙里加入C线，3针锁针（算作第1个爆米花针里的第1针长针），完成第1个爆米花针里剩下的4针长针，3针锁针，*在相邻的3针锁针空隙里钩织（1个爆米花针，3针锁针，1个爆米花针，3针锁针），在相邻的空隙里钩1个爆米花针，3针锁针，从*位置开始重复5次，在相邻的3针锁针空隙里钩织（1个爆米花针，3针锁针，1个爆米花针，3针锁针），在起立针上钩1针引拔针结束，断线——18个爆米花针，54针锁针。

缩写

常用缩写列表在第94页。下面是该图解里使用的特殊针法。

pc=5针的爆米花针（详见第49页）

3-ch sp=3针锁针的空隙

符号说明

○ 锁针

• 引拔针

+ 短针

$\dagger$ 长针

5针的爆米花针

绕线作环

▶ 起点

爆米花针提花

　　这个提花技法是为了在织片中间加入新颜色，这样你就可以在织片上钩出图案或抽象的形状。

　　不管是在用主色线钩织的时候就将配色线带进去，需要用时才使用，还是在需要用时才加入配色线，换主色线的时候就放到背面不带线，两种方法都可以。选择哪种方法要看是什么设计。在这个小样里，你可以用这两种方法进行练习。钩织葡萄的线在钩织第1个爆米花针的时候才加入，主色线藏在葡萄里。

技能学习 | 提花技法在中间换色

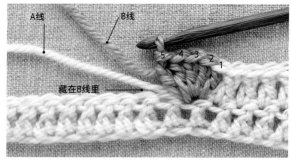

1 钩织第1个爆米花针时，在第1针长针的第1次挂线时加入B线。将A线放在前面，边钩边藏在爆米花针剩下的4针长针里，同时也将线带到了下一个使用位置，也就是爆米花针的左侧。钩针从线圈上取下，穿入第1针长针的线圈里。

2 换成A线并挂线完成爆米花针。这个方法不仅完成了爆米花针的钩织，而且这一行顶部的锁针链全部为不间断的A线。

3 无论在哪一行钩织完B线，都将它放在后面，在下一行（反面）钩织短针的时候带上去。将B线沿着下方针顶部放好，然后用A线在线圈上正常钩织短针。

变形
这个方法可以用于创作任何你喜欢的形状。先在格子本上设计一个草图。建议1针长针或者1个爆米花针画1个格子宽、2个格子高。

4 钩织短针的时候裹着B线边钩边藏进去，直到将B线带到下一个爆米花针的位置。当你钩完当前这一行的爆米花针，将B线放在反面，并继续用A线钩织完这一行。如果不需要再用到B线，就断线收针。

小窍门

注意在反面行钩织短针的时候针数要正确，并且最后1针都在起立针上钩织。

图解

特殊针法：5针的爆米花针（pc）——详见第49页。
A线为主色线，B线为爆米花针/葡萄，C线为葡萄叶。

提示：第4、6、8、10、12和16行同第2行。

用A线钩17针锁针。
第1行：在倒数第4针锁针上钩1针长针，14针长针，翻转织片——15针。
第2行：1针锁针的起立针，15针短针，翻转织片——15针。
第3行：3针锁针的起立针（算作第1针），6针长针，换成B线在下一针上钩1个爆米花针，在爆米花针最后一步挂线时换成A线钩织，7针长针，翻转织片——14针长针，1个爆米花针。
第5行：3针锁针的起立针（算作第1针），5针长针，*换成B线在下一针上钩1个爆米花针，在爆米花针最后一步挂线时换成A线钩织，在下一针上钩1针长针，从*位置开始重复2次，5针长针，翻转织片——13针长针，2个爆米花针。
第7行：3针锁针的起立针（算作第1针），4针长针，*换成B线钩1个爆米花针，在爆米花针最后一步挂线时换成A线钩织，在下一针上钩1针长针，从*位置开始重复3次，4针长针，翻转织片——12针长针，3个爆米花针。
第9行：3针锁针的起立针（算作第1针），3针长针，*换成B线钩1个爆米花针，在爆米花针最后一步挂线时换成A线钩织，在下一针上钩1针长针，从*位置开始重复4次，3针长针，翻转织片——11针长针，4个爆米花针。
第11行：同第7行。
第13行：1针锁针的起立针（不算作1针），1针短针并在最后一步挂线时换成C线钩织，*1针短针，1针中长针，2针长针，1针中长针，1针短针**，1针引拔针，从*位置开始到**结束再重复1次，在最后1针短针的最后一步挂线时换成A线钩织，1针短针——15针。
第14行：同第13行。
第15行：3针锁针的起立针（算作第1针），*1针长针，1针中长针，2针短针，1针中长针，1针长针**，1针长针，从*位置开始到**位置结束再重复1次，1针长针，翻转织片——15针。

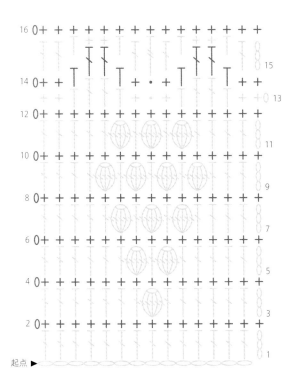

起点 ▶

缩写

常用缩写列表在第94页。下面是该图解里使用的特殊针法。
pc=5针的爆米花针
（详见第49页）

符号说明

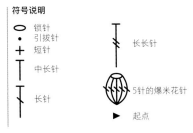

○ 锁针
• 引拔针
✝ 短针
T 中长针
干 长针

干干 长长针

5针的爆米花针

▶ 起点

爆米花花样

让爆米花花样随心所欲地分布，简单地将它点缀在长针织片上。

钩织成曲线、菱形、多边形和边框，甚至可以钩织时尚的字母形状，来给你喜欢的人传递信息。

技能学习 | 用表格设计一个独一无二的钩织图案，并按照图案钩织

图解

特殊针法： 5针的爆米花针（pc）——详见第49页。

钩16针锁针。

第1行： 在倒数第2针锁针上钩1针短针，14针短针，翻转织片——15针。

第2行： 3针锁针的起立针（算作第1针），*1个爆米花针，1针长针，从*位置开始重复完成这一行，翻转织片——7个爆米花针，8针长针。

第3行： 1针锁针的起立针（不算作第1针），*在长针上钩1针短针，在爆米花针上钩1针短针，从*位置开始重复7次，在起立针上钩1针短针，翻转织片——15针短针。

第4行： 3针锁针的起立针（算作第1针），1个爆米花针，11针长针，1个爆米花针，在最后1针上钩1针长针，翻转织片——2个爆米花针，13针长针。

提示： 从第5行开始，往后每一个单数行钩织方法都和第3行相同。

第6行： 3针锁针的起立针（算作第1针），1个爆米花针，5针长针，1个爆米花针，5针长针，1个爆米花针，在最后1针上钩1针长针，翻转织片——3个爆米花针，12针长针。

第8行： 3针锁针的起立针（算作第1针），1个爆米花针，4针长针，1个爆米花针，1针长针，1个爆米花针，4针长针，1个爆米花针，在最后1针上钩1针长针，翻转织片——3个爆米花针，11针长针。

第10行： 同第6行。

第12行： 同第4行。

第14行： 同第2行。

此处小样一共15行，若要重复钩织花样，从第2行开始。

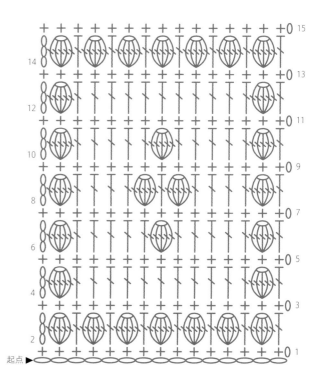

缩写

常用缩写列表在第94页。下面是该图解里使用的特殊针法。
pc=5针的爆米花针（详见第49页）

符号说明

○	锁针
+	短针
⊺	长针

 5针的爆米花针

▶ 起点

牡丹花苞

绽放的牡丹花

爆米花针牡丹花样

对，用爆米花针可以钩出花朵形状！这些又小巧又柔软的圆形花饰是绕圈钩织而成，方法与第53页的圆形花片相似，但是采用了新的钩织方法让爆米花针转变成花朵样式。

牡丹花花苞只钩织2圈，而绽放的牡丹花需要钩织更多圈，钩织第3圈也就是最后1圈让整体变得完全不同。

技能学习	分别在线圈的前半针和后半针上钩织——这个技法多用于花朵钩织和爱尔兰花片钩织

图解

线圈命名： 一条锁针链有正反面，正面呈现一列"V"字形，反面有一根一根的渡线。从正面看线圈，后半针在顶部（远离你）的位置，前半针在底部（靠近你）的位置。反面一根根的渡线称为锁针的里山。

特殊针法： 4针的爆米花针（pc），按照下面的另一种方法将4针长针缩紧——在同一位置钩4针长针，将钩针从最后1个线圈上取出，穿过第1针长针的线圈（同时穿过前后半针），再穿过松开的最后一个线圈，并将它从第1针的线圈里引拔出。

牡丹花花苞

用A线钩2针锁针。

第1圈： 在倒数第2针锁针上钩6针短针，并引拔成圈，断线。

第2圈： 在任意一针的前半针里加入B线，*2针锁针，在同一位置挑前半针钩1个爆米花针，2针锁针，在下一针的前半针上钩1针引拔针，从*位置开始重复完成这一圈，在起始的2针锁针下方对应的线圈里钩1针引拔针——6片花瓣，断线。

绽放的花朵

按照花苞的钩织方法完成前2圈。

第3圈： 2针锁针，在上一圈最后一个爆米花针对应的线圈位置挑后半针钩1个爆米花针，2针锁针，*在下一针的后半针上钩1针引拔针，2针锁针，在引拔针同一位置钩1个爆米花针，2针锁针，在同一位置钩1针引拔针，2针锁针，在同一位置钩1个爆米花针，2针锁针，从*位置开始重复5次，在第1针对应的同一位置挑后半针钩1针引拔针，2针锁针，在引拔针同一位置钩1个爆米花针，2针锁针，在同一位置钩1针引拔针，断线——12片花瓣。

起点

缩写
常用缩写列表在第94页。下面是该图解里使用的特殊针法。 BLO=后半针 FLO=前半针 pc=4针的爆米花针（详见"特殊针法"）

符号说明

⌒	后半针
⌣	前半针
○	锁针
•	引拔针
+	短针
🮢	4针的爆米花针
►	起点

57

翻转爆米花花样

　　这是一种夸张的（12针）爆米花针，这个奇特的针法是相当多变的。

　　用经典的冷色调线钩织少量的爆米花针可以做出精致有趣的循环花样。开始增加数量和密度，这些小圆就会变成像许多鳞片或瓦片。因为爆米花针都是向下翻的，你可以在下一行用简单的彩色条纹呈现新的效果。

技能学习 | 在同一个位置钩织多针，换色钩织条纹

1 在同一个位置钩12针长针形成扇形。

钩针取下，穿入扇形花样后的第1针长针(1)，然后重新穿入取下的线圈（2）。

2 钩针从线圈上取下，让扇形花样往下翻。

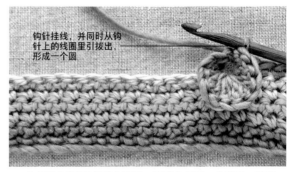

钩针挂线，并同时从钩针上的线圈里引拔出，形成一个圆

3 钩针穿入第1针长针的线圈，再穿入最后一个线圈，挂线一次性从钩针上的线圈里引拔出。

变形
使用少量翻转爆米花针来改变织物的外观（参照左侧的蓝色小样）。这里主体为一行重复钩织（1针短针，1针长针），下一行重复钩织（1针长针，1针短针）。每8针钩织一次翻转爆米花针，每6行钩织一排翻转爆米花针。

用手指从翻转爆米花针下方往外将其调整成为一个凸起的圆片。

提示

当在短针上钩织翻转爆米花针时，你会发现钩完一个翻转爆米花针后，相邻的短针线圈会变小。要注意不要漏掉这一针，每行钩完不要忘记核对针数。

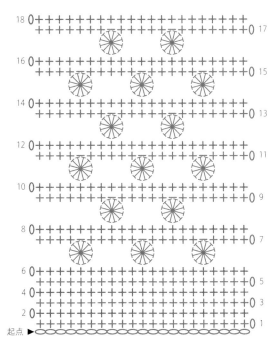

图解

特殊针法： 翻转爆米花针（fc）就是一个12针的爆米花针。

用A线钩22针锁针。

第1行： 在倒数第2针锁针上钩1针短针，20针短针，翻转织片——21针。

第2行： 1针锁针的起立针（不算作1针），21针短针，并在最后1针的最后一次挂线时换B线，翻转织片——21针。

第3行： 1针锁针的起立针（不算作1针），21针短针，翻转织片——21针。

第4行： 1针锁针的起立针（不算作1针），21针短针，并在最后1针的最后一次挂线时换成C线，翻转织片——21针。

第5行： 同第3行。

第6行： 1针锁针的起立针（不算作第1针），21针短针，并在最后1针的最后一次挂线时换成A线，翻转织片——21针。

第7行： 1针锁针的起立针（不算作1针），4针短针，1个翻转爆米花针，5针短针，1个翻转爆米花针，5针短针，1个翻转爆米花针，4针短针，翻转织片——11针短针，3个翻转爆米花针。

第8行： 同第2行。

第9行： 1针锁针的起立针（不算作1针），7针短针，1个翻转爆米花针，5针短针，1个翻转爆米花针，7针短针，翻转织片——19针短针，2个翻转爆米花针。

第10行： 同第4行。

第11行： 同第7行。

第12行： 同第6行。

第13行： 同第9行。

第14行： 同第2行。

第15行： 同第7行。

第16行： 同第4行。

第17行： 同第9行。

第18行： 同第6行。

缩写

常用缩写列表在第94页。下面是该图解里使用的特殊针法。
fc=翻转爆米花针（详见"特殊针法"）

符号说明

○ 锁针

+ 短针

✳ 翻转爆米花针

▶ 起点

狗牙爆米花针花样

这些小鼓包非常小巧，爆米花针结构上很不一样，没有使用任何短针和长针。

狗牙爆米花针全部使用的是锁针和引拔针，它实际只是一个狗牙拉针，不需要在边缘停下来。同时也试一试在织物表面钩织的方法吧。

技能学习　用引拔针连接锁针形成一个小环，在表面上钩织进行装饰

图解

特殊针法：狗牙爆米花针——1针短针，3针锁针，在第1针锁针上钩织引拔针，形成一个小环。

关于钩织狗牙爆米花针所在行上面（后面）一行的特别提示：按照说明，先钩织开头的一些短针。在狗牙拉针下方对应的短针偏右的位置钩织1针短针。下一针短针和狗牙爆米花针之间会有一点空隙（注意不要在这个位置多钩织）。当钩织这一针的时候，确保钩织的线在狗牙爆米花针前面。

钩18针锁针。

第1行：在倒数第2针锁针上钩1针短针，16针短针，翻转织片——17针短针。

第2行：1针锁针的起立针（不算作1针），3针短针，1个狗牙爆米花针，3针锁针，1个狗牙爆米花针，1针短针，1个狗牙爆米花针，3针锁针，1个狗牙爆米花针，3针短针，翻转织片——13针短针，4个狗牙爆米花针。

第3行：1针锁针的起立针（不算作第1针），16针短针（详见特别提示）——17针短针。提示：核对此行针数。

第4行：1针锁针的起立针（不算作1针），7针短针，1个狗牙爆米花针，1针短针，1个狗牙爆米花针，7针短针，翻转织片——15针短针，2个狗牙爆米花针。

第5行和第6行：同第3行和第4行。

第7行：同第3行。

连续重复第2~7行。

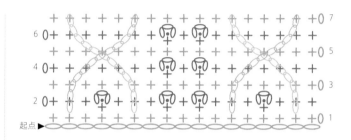

缩写

常用缩写列表在第94页。

符号说明

⭕ 锁针

✚ 短针

🜔 狗牙爆米花针

▶ 起点

钩织麻花花样

主体完成后，在主体表面钩织装饰织物的一种通用技法。它和锁链绣很像，如果用不同的颜色可以带来很惊人的效果，在这里，用相同的颜色也能制作出时尚的麻花花样。可以用它钩出精致的几何花样或是更多组合形状。

将钩针从正面穿到反面，在反面挂线并将线引拔出，继续在织物表面下一个位置穿入钩针，挂线将线同时引拔出正面并从钩针上的线圈里引拔出。

爆米花针郁金香花样

　　在这里，你不仅仅在花苞部分再一次运用了5针的爆米花针，还在叶子部分运用了一个2针的斜泡泡针，就是为了让你保持兴趣！

　　尽管整体色彩不同，但是在每行中间并没有进行换色，只是钩织一整行的条纹。一行行可爱的郁金香也可以用作钩边。

技能学习 | 不同的针法相互搭配

图解

特殊针法：

5针的爆米花针（pc）——详见第49页。
2针的泡泡针（tbob）——*钩针挂线，穿入对应位置，挂线将线引拔出，挂线并从钩针上前2个线圈里引拔出，（钩针上剩下2个线圈），从*位置开始再重复1次，（此时钩针上剩下3个线圈），钩针挂线并一次性从这3个线圈里引拔出。

用A线钩21针锁针。

第1行： 在倒数第2针锁针上钩1针短针，19针短针，翻转织片——20针。

第2行： 1针锁针的起立针（不算作1针），19针短针，并在最后1针的最后一次挂线时换成B线，翻转织片——20针。

第3行： 1针锁针的起立针（不算作1针），19针短针，翻转织片——20针。

第4行： 1针锁针的起立针（不算作1针），19针短针，并在最后1针的最后一次挂线时换成A线，翻转织片——20针。

第5行： 同第3行。

第6行： 1针锁针的起立针（不算作1针），19针短针，并在最后1针的最后一次挂线时换成C线，翻转织片——20针。

第7行： 3针锁针的起立针（算作第1针），跳过1针不钩，*在下一针上钩（1个泡泡针，2针锁针，1个泡泡针），跳过2针不钩，从*位置开始重复5次，在下一针上钩（1个泡泡针，2针锁针，1个泡泡针），跳过1针不钩在最后1针上钩1针

长针，断线，不要翻转织片。

第8行： 在起立针上加入D线——在第7行同一面钩织。

3针锁针起立针（算作第1针），1针锁针，*在相邻的锁针空隙里钩1个爆米花针，2针锁针，从*位置开始重复5次，在相邻的锁针空隙里钩1个爆米花针，1针锁针，1针长针，断线，不要翻转织片。

第9行： 在起立针线圈上加入A线——在同一面钩织，1针锁针的起立针（不算作1针），在换线的同一个位置钩

1针短针，在下方起立针和爆米花针之间的空隙里钩1针短针，[爆米花针上钩1针短针，在锁针空隙里钩2针短针]重复5次，在最后1个爆米花针上钩1针短针，在最后一个空隙里钩1针短针，在最后1针长针上钩1针短针，翻转织片——20针短针。

连续重复第2~9行。

缩写

常用缩写列表在第94页。下面是该图解里使用的特殊针法。
tbob=2针的泡泡针（详见"特殊针法"）
pc=5针的爆米花针（详见"特殊针法"）

符号说明

○ 锁针
＋ 短针
┬ 长针

5针的爆米花针

2针的泡泡针

▶ 起点

砖墙泡芙针花样
详见第64页

下沉泡芙针花样
详见第65页

泡芙针V形花样
详见第66页

卷针
详见第75页

泡芙针

泡芙针和泡泡针、爆米花针的不同之处在于它不是由任何长针结构组成。确实，它们各自有各自的钩织法则。泡芙针里最典型的技法是钩出一个很长的线圈，线圈大小靠肉眼和直觉来决定。对于新手，可能很容易就会望而生畏，但是深呼吸练习两三行后，很快，你钩织出的泡芙针大小就会变得均匀，松紧度也变得恒定。

5针的泡芙针

泡芙针里的长线圈和刺绣中带有光泽感的缎面绣很像，用很多线圈在织物表面形成了一个软垫形状。

视频片段

观看视频钩织一个5针的泡芙针（详见第63页）。该视频可以指导你泡芙针的钩织步骤。想要访问该视频，可扫描后勒口二维码观看。

钩织一个标准的5针的泡芙针

拉大线圈

1 钩针挂线，在图解说明的位置穿入钩针，像钩织长针一样再挂线，将线引拔出，接着将线圈拉大，与1针长针高度差不多即可。

2 重复步骤1。钩针上一共需有4个长线圈。

3 再重复3次步骤1。此时一共钩了5针，钩针上有11个线圈（若钩织4针则一共有9个线圈，若钩织6针则一共有13个线圈）。

4 最后，挂线并一次性从钩针上的11个线圈里引拔出。你会发现这个步骤完成后，泡芙针并没有完全缩紧，你可以按照图解或是钩织1针锁针，或者钩织下一针，也能有同样效果。

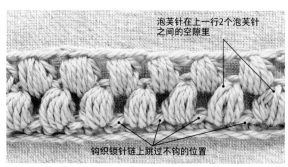

泡芙针在上一行2个泡芙针之间的空隙里

钩织锁针链上跳过不钩的位置

5 仔细阅读图解，因为有些图解把这个位置钩织的1针锁针算作完成泡芙针的最后一步，但是要注意，这个锁针也是独立的1针，在更复杂的设计里，会影响计算总针数。

6 在全是泡芙针的织物里第1行是基础，不管接下来是直接在锁针上或是在其他针法上钩织，两种方式都需要在2个泡芙针之间间隔1针不钩织。接下来的几行里，在泡芙针之间的锁针空隙里钩织（详见砖墙泡芙针花样，第64页）。

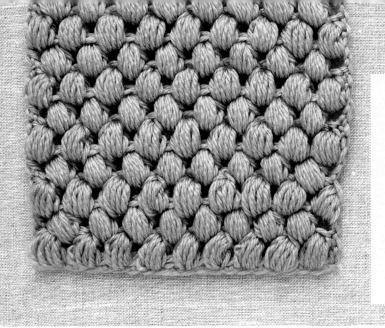

砖墙泡芙针花样

泡芙针的位置每2行改变一次，这个简单的结构一直受人喜爱。

长线圈将纤维的光泽展现出来，让织物形成奢华的纹理，不仅适合用纯色线钩织，也很适合钩织彩色花样和条纹。

技能学习 | 均匀地控制线圈高度

图解

特殊针法： 5针的泡芙针，详见第63页，这里写作"FPP"。

用A线钩20针锁针（2的倍数+2，起立针包含在内）。

第1行： 在倒数第2针锁针上钩1针短针，18针短针，并在最后1针的最后一次挂线时换成B线，翻转织片——19针。

第2行： 3针锁针的起立针（算作第1针），[1个泡芙针，跳过1针不钩，1针锁针]重复8次，1个泡芙针，1针长针，翻转织片——9个泡芙针，8个锁针空隙，2针长针。

第3行： 3针锁针的起立针（算作第1针），[1针锁针，在相邻的锁针空隙里钩1个泡芙针]重复8次，1针锁针，在下方起立针上钩1针长针，翻转织片——8个泡芙针，9个锁针空隙，2针长针。

第4行： 3针锁针的起立针（算作第1针），[在相邻的锁针空隙里钩1个泡芙针，1针锁针]重复8次，1个泡芙针，1针长针，翻转织片——9个泡芙针，8个锁针空隙，2针长针。

第5~10行： 连续重复第3行和第4行，并在第10行最后1针的最后一次挂线时换成A线。

第11行： 1针锁针的起立针（不算作1针），在长针上钩1针短针，[在泡芙针上钩1针短针，在锁针空隙里钩1针短针]重复8次，在泡芙针上钩1针短针，在起立针上钩1针短针，断线——19针短针。

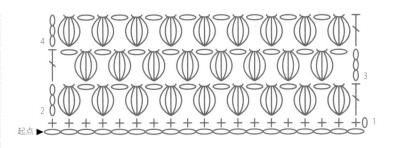

缩写

常用缩写列表在第94页。下面是该图解里使用的特殊针法：
FPP=5针的泡芙针（详见"特殊针法"）
t-ch=起立针
1-ch sp=1针锁针的空隙（由1针锁针形成的空隙）

符号说明

$\bigcirc$ 锁针

$+$ 短针

$\intercal$ 长针

$\bigcirc\hspace{-0.3em}$ 5针的泡芙针

$\blacktriangleright$ 起点

下沉泡芙针花样

在简单的双色条纹织物里，这个设计是很好的选择。

仍然每2行进行一次换色，下沉的泡芙针给条纹带来"美丽的差错"，让它变得有趣。简单地改变针法高度形成凹槽，然后嵌入泡芙针完成。

技能学习｜用锁针形成特殊效果

图解

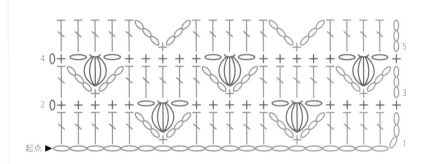

特殊针法：5针的泡芙针，详见第63页。

用A线钩23针锁针（8的倍数+7）。

第1行：在倒数第4针锁针上钩1针长针，3针长针，[3针锁针，跳过1针不钩，1针短针，3针锁针，跳过1针不钩，5针长针]重复2次，并在最后1针的最后一次挂线时换B线，翻转织片。

第2行：用B线钩织，1针锁针的起立针（不算作1针），[5针短针，1针锁针，在V字形底部的短针上钩1个泡芙针，1针锁针]重复2次，5针短针，翻转织片。

第3行：3针锁针的起立针（算作第1针——也就是1针长针），[3针锁针，跳过1针不钩，1针短针，3针锁针，跳过1针不钩，在短针上钩1针长针，在锁针空隙里钩1针长针，在泡芙针上钩1针长针，在锁针空隙里钩1针长针，在短针上钩1针短针]重复2次，3针锁针，跳过1针不钩，1针短针，3针锁针，在最后1针上钩1针长针，并在最后一次挂线时换A线，翻转织片。

第4行：用A线钩织，1针锁针的起立针（不算作1针），在长针上钩1针短针，1针锁针，在V字形底部的短针上钩1个爆米花针，1针锁针，[在5针长针上各钩1针短针，1针锁针，在V字形底部的短针上钩1个爆米花针，1针锁针]重复2次，翻转织片。

第5行：3针锁针的起立针（算作第1针），[在锁针空隙里钩1针长针，在泡芙针上钩1针长针，在锁针空隙里钩1针长针，在短针上钩1针长针，3针锁针，跳过1针不钩，1针短针，3针锁针，跳过1针不钩，在相邻针上钩1针长针]重复2次，在锁针空隙里钩1针长针，在泡芙针上钩1针长针，在锁针空隙里钩1针长针，在最后1针上钩1针长针，并在最后一次挂线时换B线，翻转织片。

第6行~16行：连续重复第2~5行。

第17行：1针锁针的起立针（不算作1针），在短针上钩1针短针，[在锁

针空隙里钩1针短针，在泡芙针上钩1针短针，在锁针空隙里钩1针短针，5针短针]重复2次，在锁针空隙里钩1针短针，在泡芙针上钩1针短针，在锁针空隙里钩1针短针，在短针上钩1针短针，断线。

缩写

常用缩写列表在第94页。下面是该图解里使用的特殊针法。

FPP=5针的泡芙针（详见"特殊针法"）

t-ch=起立针

1-ch sp=1针锁针的空隙（由1针锁针形成的空隙）

符号说明

- ◯ 锁针
- ＋ 短针
- ╀ 长针
- ⬮ 5针的泡芙针
- ▶ 起点

泡芙针V形花样

　　无论在钩针还是棒针编织中，人人都喜欢V形图案，左图是用泡芙针变形钩织的作品。

　　V形结构包含最高点——由加针形成，以及最低点——由减针形成——之间穿插简单针法。这里的泡芙针都出现在"山顶"。

技能学习｜加针和减针

图解

特殊针法：5针的泡芙针，详见第63页，此处写作"FPP"。

钩24针锁针（10的倍数+4）。

第1行：在倒数第4针锁针上钩1个泡芙针，*1针锁针，跳过1针不钩，1个泡芙针，1针锁针，跳过1针不钩，长针3针并1针，1针锁针，跳过1针不钩，1个泡芙针，跳过1针不钩，1针锁针**，在相邻的锁针里钩（1个泡芙针，1针锁针，1个泡芙针），从*位置开始重复到**位置结束，在最后1个锁针里钩（1个泡芙针，1针长针），翻转织片。

第2行：3针锁针的起立针（算作第1针），在起立针对应的第1针长针上钩1个泡芙针，*1针锁针，在相邻的锁针空隙里钩1个泡芙针，1针锁针，长针3针并1针（第1针在锁针空隙里，第2针在并针上，第3针在下一个锁针空隙里），1针锁针，在相邻的锁针空隙里钩1个泡芙针，1针锁针**，在相邻的锁针空隙里钩（1个泡芙针，1针锁针，1个泡芙针），从*位置开始重复到**位置结束，在起立针上钩1个泡芙针，在起立针上钩1个长针，翻转织片。

第3行：重复第2行。

此处小样一共11行。

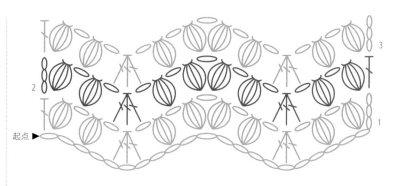

起点 ▶

缩写

常用缩写列表在第94页。下面是该图解里使用的特殊针法。
3trtog=长针3针并1针（详见第21页）
FPP=5针的泡芙针（详见"特殊针法"）
1-ch sp=1针锁针的空隙（由1针锁针形成的空隙）
t-ch=起立针

符号说明

⬭　锁针

┼　长针

⋔　长针3针并1针

🮑　5针的泡芙针

▶　起点

提示

　　这个针法的小样织片定型后（详见第27页）更规整。注意在最高点和下陷位置固定好珠针并拉平。

镂空泡芙针花样

　　正如这种更传统、更轻巧的镂空针法所展示的，泡芙针不仅限于用在厚实的羊毛织物里。

　　像这样的网状设计在钩织符号图解里完全体现出来，每行用不同颜色标示可以帮助你清楚知道钩织到哪里。

技能学习｜一行里同时运用短针、长针和长长针；钩织蕾丝镂空花样

图解

特殊针法：4针的泡芙针，此处写作"fPP"——按照第63页标准的5针的泡芙针钩织说明，但是减少1针的挂线，最后挂线一次性穿过9个线圈。

钩18针锁针（8的倍数+2）。

第1行：在倒数第2针锁针上钩1针短针，*跳过3针不钩，在相邻锁针上钩（1针长针，1针锁针，1针长针，1针锁针，1个泡芙针，1针锁针，1针长针，1针锁针，1针长针），跳过3针不钩，在相邻锁针上钩1针短针**，从*位置开始重复到**位置结束，翻转织片。

第2行：7针锁针（4针锁针的起立针算作第1针，加上3针锁针），*在第2个锁针空隙里钩1针短针（泡芙针旁边），3针锁针，在下一个锁针空隙里钩1针短针（泡芙针的另一侧），3针锁针，在短针上钩1针长长针**，3针锁针，从*位置开始重复到**位置结束，翻转织片。

第3行：4针锁针（3针锁针的起立针算作第1针，加上1针锁针），在长长针上钩（1针长针，1针锁针，1针长针），在3针锁针空隙里钩1针短针，在长长针上钩（1针长针，1针锁针，1针长针，1针锁针，1个泡芙针，1针锁针，1针长针，1针锁针，1针长针），在3针锁针空隙里钩1针短针，在4针锁针的起立针上钩（1针长针，1针锁针，1针长针，1针锁针，1针长针），翻转织片。

第4行：1针锁针的起立针（不算作1针），在第1针长针上钩1针短针，在第1个锁

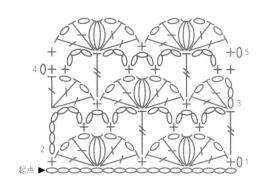

针空隙里钩1针短针，*3针锁针，在短针上钩1针长长针，3针锁针，跳过相邻的1个锁针空隙不钩，在第2个锁针空隙里钩1针短针（泡芙针旁边）**，3针锁针，在相邻的锁针空隙里钩1针短针（泡芙针的另一侧），从*位置开始重复到**位置结束，在起立针上钩1针短针，翻转织片。

第5行：1针锁针的起立针（不算作1针），在第1针短针的上钩1针短针，跳过1针短针和

3针锁针位置不钩，*在长长针上钩（1针长针，1针锁针，1针长针，1针锁针，1个泡芙针，1针锁针，1针长针，1针锁针，1针长针）**，在中间的锁针空隙里钩1针短针，从*位置开始重复到**位置结束，在最后1针短针上钩1针短针。

连续重复第2~5行。

缩写

常用缩写列表在第94页。下面是该图解里使用的特殊针法。
FPP=4针的泡芙针（详见"特殊针法"）
1-ch sp=1针锁针的空隙（由1针锁针形成的空隙）
3-ch sp=3针锁针的空隙（由3针锁针形成的空隙）
t-ch=起立针

符号说明

O	锁针
+	短针
†	长针
‡	长长针
⬭	4针的泡芙针
▶	起点

泡芙垫花样

　　这个可爱的小样运用线堆叠成的泡芙针钩织，形成了厚实柔软的质感，不需要填充就可以用作地垫或脚垫。

　　这里，2根线合成1股，用5mm钩针钩织出双色效果。这样钩织更迅速，并且只用到2针的泡芙针。这种花样用极粗线钩织也很合适，甚至可以用布条钩织成布条毯。

技能学习 ｜ 从钩针上的多个线圈里引拔出1个线圈，将2根线合并成1股钩织

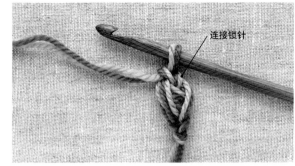

连接锁针

1 用2根线合成1股钩1个锁针结，然后钩1针锁针，将线圈拉大，*（钩针挂线，穿入锁针，挂线将线引拔出，将线圈拉到与第1个线圈一样大小）重复2次，挂线一次性从钩针上的5个线圈里引拔出，1针锁针将线圈缩紧。

2 从步骤1的*位置开始重复，钩织一排泡芙链。

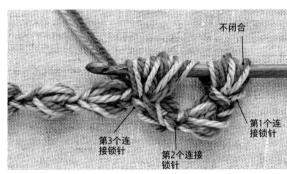

不闭合

第3个连接锁针

第2个连接锁针

第1个连接锁针

3 第1行：钩1个2针的泡芙针，不钩织最后1次的挂线；（钩针挂线，穿入倒数第3个连接锁针的位置，挂线将线引拔出并拉大线圈）重复3次。

变形
用极粗的单根线钩织的成品会有不同的效果（详见左下图）。

4 钩针挂线，并一次性从钩针上所有的线圈里引拔出。

5 钩1针锁针将线圈缩紧，一个双泡芙针完成，下一个双泡芙针先将钩针上的线圈拉大，然后按照步骤3的方法，在相邻的连接锁针上钩织（不要漏掉任何一个连接锁针）。

小窍门

你可能需要一个制作地毯的翻舌钩针来钩织这个针法，因为它要一次性将一个线圈从多个线圈里引拔出。

图解

特殊针法：

2针的泡芙针（tPP）——用2根线合成1股，钩1个锁针结，钩1针锁针。将锁针的线圈拉大，*钩针挂线，穿入锁针，挂线将线引拔出，拉大线圈，从*位置开始再重复1次——钩针上要有5个线圈，挂线并一次性从钩针上的5个线圈里引拔出，1针锁针固定。

双泡芙针（Dp）——按照2针的泡芙针钩织前面的步骤，钩到最后1步挂线前停止，回到泡芙针链上钩织，*钩针挂线，倒数第3个连接锁针的位置，挂线将线引拔出，从*位置开始再重复2次——钩针上要有11个线圈，钩针挂线并一次性从所有线圈里引拔出，1针锁针固定——1个双泡芙针完成。

泡芙针链： 在钩织完的连接锁针上钩另外一个2针的泡芙针。一共钩织7个2针的泡芙针，下一个都在上一个的连接锁针上开始钩织。

第1行：（在相邻的连接锁针上钩1个双泡芙针）重复5次。

第2行： 1个2针的泡芙针，6个双泡芙针，翻转织片。

重复第2行。

此处小样一共7行。

缩写

常用缩写列表在第94页。下面是该图解里使用的特殊针法。
Dp=双泡芙针（详见"特殊针法"）
j-ch=连接锁针——在1个泡芙针顶部固定所有线圈的锁针
tPP=2针的泡芙针（详见"特殊的泡芙针"）

符号说明

◯ 锁针

2针的泡芙针

双泡芙针

► 起点

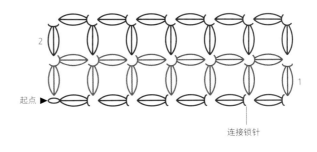

起点

连接锁针

泡芙球针花样

　　钩织6针的泡芙针，高度和长针相同，在两侧钩中长针，让泡芙针外形更圆润。

　　每一行泡芙球针之间钩织2针简单的针法，每三行为一个循环，这样的成品为斜线的纹理，很可爱。

技能学习 ｜ 交替使用不同针法，可以加强泡芙针的3D效果

图解

特殊针法：6针的泡芙针（sPP）——按照第63页钩织一个标准的5针的泡芙针的钩织说明，但是多一次挂线和引拔，钩针上一共要有13个线圈。

钩16针锁针（3的倍数+1）。

第1行：在倒数第2针锁针上钩1针短针，14针短针，翻转织片——15针短针。

第2行：2针锁针的起立针（算作第1针），在相邻短针上钩1针中长针，[1个泡芙针，2针中长针]重复4次，在最后1针短针上钩1个泡芙针，翻转织片——5个泡芙针，10针中长针。

第3行：1针锁针的起立针（不算作1针），[在泡芙针线圈上钩1针短针，在相邻2针长针上各钩1针短针]重复4次，在泡芙针线圈上钩1针短针，在相邻的长针上钩1针短针，在起立针上钩1针短针，翻转织片——15针短针。

第4行：2针锁针的起立针（算作第1针），[1个泡芙针，2针中长针]重复4次，1个泡芙针，在最后1针短针线圈上钩1针中长针，翻转织片——5个泡芙针，10针中长针。

第5行：1针锁针的起立针（不算作1针），在中长针上钩1针短针，[在泡芙针上钩1针短针，在相邻2针中长针上各钩1针短针]重复4次，在泡芙针上钩1针短针，在起立针上钩1针短针，翻转织片——15针短针。

第6行：拉长钩针上的线圈，然后继续钩织5针完成第1个6针的泡芙针（算作第1针），2针中长针，[1个泡芙针，2针中长针]重复4次——5个泡芙针，10针中长针。

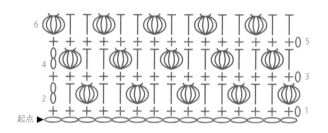

缩写

常用缩写列表在第94页。下面是该图解里使用的特殊针法。

sPP=6针的泡芙针（详见"特殊针法"）
t-ch=起立针

符号说明

○　锁针

＋　短针

Ｔ　中长针

　6针的泡芙针

▶　起点

小窍门

　　两端的泡芙针——当泡芙针作为每行的第1针时，不需要钩织起立针，而是将钩针上的线圈拉大，并钩织6针的泡芙针里剩下的5针即可。

　　钩边——当沿着泡芙球针针织物的侧边钩边时，挑泡芙针侧边的2股线钩织。

侧身泡芙针花样

这些被长短针框住的横向泡芙针结构，就像办公大楼的窗户。

用一种新颖的方式钩织泡芙针，简单并且充满乐趣，钩起来较轻松，这个密实的织物适用于包包、篮子、抱枕套和坐垫。

技能学习｜延长针法

图解

特殊针法：

针柱上的3针的泡芙针（ThPP）——这个泡芙针在钩织完的长针针柱或针杆上钩织（而不是在线圈或锁针空隙里钩织）。[钩针挂线，从右边已完成的长针针柱右侧穿入，左侧穿出，挂线将线引拔出并拉大线圈]重复3次，无需钩织额外的锁针来缩紧泡芙针。

长短针——这是一个短针，但是中间包含了1针锁针，按照正常的钩织方法将钩针穿入线圈，挂线引拔出，钩针上剩下2个线圈，挂线从第1个线圈里引拔出（相当于1针锁针），钩针再挂线从剩下的2个线圈里引拔出。

钩23针锁针（3的倍数+2）。

第1行： 在倒数第3针锁针上钩1针短针，1针短针，[1针长短针，2针短针]重复6次，在最后一针上钩1针长短针，翻转织片——22针。

第2行： 2针锁针的起立针（算作第1针长短针），[在相邻短针上钩1针长针，1个针柱上的3针的泡芙针，跳过1针不钩，1针长短针]重复7次，翻转织片。

第3行： 2针锁针的起立针（算作第1针长短针），[在泡芙针上钩织1针短针，在长针上钩1针短针，在长短针上钩1针长短针]重复7次，翻转织片。

连续重复第2行和第3行。

此处小样一共13行。

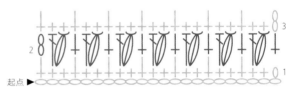

缩写	符号说明
常用缩写列表在第94页。下面是该图解里使用的特殊针法。	◯ 锁针
ThPP=针柱上的3针的泡芙针（详见"特殊针法"）	╋ 短针
Xdc=长短针（详见"特殊针法"）	╪ 长短针
	┳ 长针
	╱ 针柱上的3针的泡芙针
	▶ 起点

长钉泡芙针花样

　　这个非常有质感并且厚实的织物是消灭零线头的好方法，它结合了两种技法——泡芙针和长钉针——钩织这个花样时需要集中注意力。但是为此努力还是很值得的！

　　穿入一个短针行钩3簇的泡芙针，让它凸显起来，形成浮雕的效果——以一种很巧妙的方式。

技能学习 | 长钉针，泡芙针组，钩出1针锁针的空隙

中长针在往下数第2行的锁针空隙里钩织

1针锁针的空隙

1 在从上往下数第2行的锁针空隙里钩织1针中长针。钩针挂线穿入空隙，挂线将线引拔出，再挂线并一次性从钩针上的3个线圈里引拔出——为了突出空隙。

在往下数第2行的锁针空隙里钩出4个长线圈

2 钩织1个长钉泡芙针——[钩针挂线穿入中长针对应的同一个空隙，在织物后面挂线并引拔出]重复4次，钩针上有9个线圈。不要挂线收紧。

小窍门

　　像这样每行的说明都很相似的图解，可以用纸（和镇纸）遮住后面几行，只显示当前这一行。用针头足够长的钩针钩织25个线圈（就是没有软手柄的钩针）。

变形
少钩织几针长钉泡芙针，均匀地在每个空隙里钩织一个即可（详见第73页的"特殊针法"长钉泡芙针）。

在往下数第4行相邻的一个空隙里钩出4个长钉线圈

3 在相邻的一个空隙里钩织另外一个长钉泡芙针，也就是从上往下数第4行的位置。现在钩针上一共有17个线圈。

挂线一次性从所有线圈里引拔出

4 在下方倒数第2行，也就是在相邻中长针对应的同一个空隙里，钩织第3个长钉泡芙针，完成后钩针上一共有25个线圈。钩针挂线并一次性从钩针上所有的线圈里引拔出，再钩织1针锁针将泡芙针顶部缩紧。

图解

特殊针法：

长钉泡芙针（Spuff）——按照图解，在对应空隙（倒数第4行或第6行）里钩1个4针的泡芙针，钩针上将有9个线圈，但是不要将这些线圈收在一起。

3针的长钉泡芙针（TSp）——在倒数第4行的锁针空隙里钩1个长钉泡芙针（此时钩针上有9个线圈），在相邻的锁针空隙，也就是倒数第6行空隙里钩1个长钉泡芙针（钩针上一共有17个线圈），在倒数第4行的空隙里钩1个长钉泡芙针（钩针上一共有25个线圈），钩针挂线，一次从25个线圈里引拔出，并钩织1针锁针将这几个长钉泡芙针缩紧。

用A线钩20针锁针。

第1行： 在倒数第2针锁针上钩1针短针，18针短针，翻转织片——19针短针。

第2行： 1针锁针的起立针（不算作1针），[3针短针，跳过1针不钩，1针锁针]重复4次，3针短针，翻转织片——15针短针，3个锁针空隙。

第3行： 同第2行。

第4行： 1针锁针的起立针（不算作1针），2针短针，[跳过1针不钩，1针锁针，在倒数第2行的锁针空隙里钩1针中长针，跳过1针不钩，1针锁针，1针短针]重复4次，1针短针，翻转织片——19针。

第5行： 1针锁针的起立针（不算作1针），2针短针，[跳过1针不钩，1针锁针，在中长针上钩1针短针，跳过1针不钩，1针锁针，1针短针]重复4次，1针短针，翻转织片——19针。

第6行： 1针锁针的起立针（不算作1针），2针短针，[在倒数第2行的锁针空隙里钩1针中长针，1针锁针]重复8次，1针短针，并在最后1针的最后一次挂线时换成B线，翻转织片——19针。

第7行： 1针锁针的起立针（不算作1针），[3针短针，1个3针的长钉泡芙针]重复4次，3针短针，翻转织片——19针。

仍然用B线，按照第2~7行的钩织方法完成第8~12行，并在最后1针的最后一次挂线时换成A线。

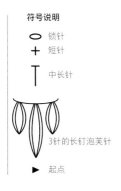

缩写

常用缩写列表在第94页。下面是该图解里使用的特殊针法。
Spuff=长钉泡芙针（详见"特殊针法"）
TSp=3针的长钉泡芙针（详见"特殊针法"）

符号说明

○ 锁针
十 短针
Ｔ 中长针

3针的长钉泡芙针

▶ 起点

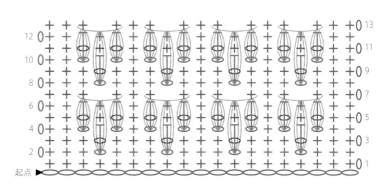

起点

73

所罗门结泡芙针花样

所罗门结是最被大家喜欢的一种古老钩织针法，和第68页的泡芙垫花样的结构有一些联系。

两个花样都要求拉长线圈，并需要学会放松、有节奏地钩织来控制密度。这里，古典的所罗门结结构通过钩织小巧的泡芙针而成。

技能学习 | 所罗门结泡芙针针法结构

图解

特殊针法：所罗门结泡芙针（SP）——钩织1针锁针，将钩针上的线圈拉大（相当于1针长针的高度），*钩针挂线，穿入线圈下的锁针里，挂线并将线引拔出，拉大线圈，从*位置开始重复1次——钩针上一共有5个线圈，钩织1针锁针缩紧线圈。所罗门结泡芙针就是在前一针的线圈上钩织。

泡芙针链：钩织6个所罗门结泡芙针，下一个泡芙针都在上一针里钩织（最后一个所罗门结泡芙针作为第1行的"垂直"泡芙针）。

第1行：1个所罗门结泡芙针，向泡芙针链方向折叠，在泡芙针链倒数第3个连接锁针上钩织1针短针，[1针锁针，2个所罗门结泡芙针，跳过1个连接锁针位置不钩，在相邻的连接锁针上钩1针短针]重复2次，1针锁针，1个所罗门结泡芙针（作为第1行最后一个"垂直"泡芙针），翻转织片——7个所罗门结泡芙针，3针短针。

第2行：2个所罗门结泡芙针，在上一行倒数第3个泡芙针的连接锁针上钩1针短针，1针锁针，2个所罗门结泡芙针，跳过1个连接锁针位置不钩，在相邻的连接锁针上钩1针短针，1针锁针，2个所罗门结泡芙针，跳过1个连接锁针位置不钩，在最后1个垂直泡芙针上钩1针短针，1个锁针，1个所罗门结泡芙针（作为第2行最后一个"垂直"泡芙针），翻转织片。

第3~4行：同第2行。

收针：1个所罗门结泡芙针，在上一行倒数第3个连接锁针上钩1针短针，2个所罗门结泡芙针，在相邻的连接锁针上钩1针短针，2个所罗门结泡芙针，在最后一个垂直泡芙针上钩1针短针。

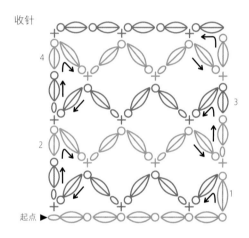

收针

起点 ▶

缩写

常用缩写列表在第94页。
下面是该图解里使用的特殊针法。
SP=所罗门结泡芙针（详见"特殊针法"）
j-ch=连接锁针——在一个泡芙针的顶部将所有线圈缩紧在一起

符号说明

◯ 锁针
＋ 短针
◉ 所罗门结泡芙针
→ 钩织方向
▶ 起点

提示

所罗门结泡芙针就是第68~69页中泡芙垫花样图解里的2针的泡芙针。只是在这里用一根线钩织，而不是两根合股，花样为"Z"字形走向，而不是格子走向——需要集中注意力钩织。

卷针

　　基于刺绣而形成的一种技法，被线圈包裹着的针柱增强了线的光泽感。

　　虽然它自成一类，但是因为和传统泡芙针很像，也包含了将线圈从钩针上多个线圈引拔出的步骤。你可以在一片简单针法织物中使用卷针"波尔卡"风格，将它们并排钩织成有钩边的边框样式，或者在花片中钩织。

技能学习 | 钩织这个针法需要在入针前挂线多次。将线一次性从多个线圈里引拔出

图解

特殊针法： 卷针（Bn）——钩针绕线7次，穿入钩针，挂线将线引拔出，再次挂线并一次性从8个线圈里引拔出。

钩16针锁针。

第1行： 在倒数第3针锁针上钩1针中长针，14针中长针，翻转织片——15针（起立针算作1针）。

第2行： 2针锁针的起立针（算作第1针），13针卷针，1针中长针，翻转织片——15针。

第3行： 2针锁针的起立针（算作第1针），14针中长针，翻转织片——15针。

第4行： 1针锁针的锁针（不算作第1针），15针短针，翻转织片——15针。

第5行： 同第3行。

连续重复第2~5行，最后钩织1行短针结束（同第4行）。

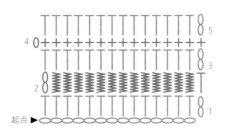

缩写

常用缩写列表在第94页。
下面是该图解里使用的特殊针法。
Bn=卷针
t-ch=起立针

符号说明

○ 锁针
+ 短针
T 中长针
〰 卷针
▶ 起点

小窍门

　　挂线时不要太紧，尽可能钩织得松一些，这样在最后才可以将线从钩针上所有的线圈里引拔出。每次都先从钩针上前4个线圈里引拔出，或者先4个线圈、再3个线圈、然后最后1个线圈。如果所有方法都失败，把钩针换成翻舌钩针，这样就会很容易了！

第3章
作品

　　现在，你已经是钩织泡泡针、爆米花针和泡芙针的大师了，可以着手钩织以下四个鼓舞人心的作品了。从地毯、包包、抱枕到围脖，你可以任选一个——所有作品都包含圆鼓鼓的泡泡针、爆米花针和泡芙针的设计。可以使用建议的色彩搭配，或者根据自己的喜好搭配。

泡芙球针和浆果针地毯

这个又大又软的圆形地毯不仅带来舒适的触感，视觉上也很美观。因为大量的泡芙球针和浆果针，使之成为一个有趣的作品，足以让你保持兴趣。

你将需要：

10mm钩针
5种颜色的极粗线：
A线（柠檬黄）：240m
B线（奶白）：200m
C线（淡蓝）：400m
D线（水绿）：500m
E线（灰色）：80m

缩写

常用缩写列表在第94页。下面是该图解里使用的特殊针法。
bry=浆果针（详见"特殊针法"）
rdc=逆短针（详见"特殊针法"）
pb=泡芙球针（详见"特殊针法"）

图解

特殊针法：
泡泡浆果针（bry）——见第40页。
泡芙球针（pb）——6针的泡芙球针（见第70页）。
逆短针（rdc）——织物不翻面，仍然正面面向自己，1针锁针（不算作第1针），在前一针的位置钩织标准的短针，并沿着这一圈"倒钩"。

用A线绕线作环起针——见第18页。

（正面）第1圈： 3针锁针的起立针（算作第1针），在环里钩11针长针，在第1针起立针上引拔结束——12针。

第2圈： 2针锁针的起立针（算作第1针），*在下一针上钩（1针中长针，1个泡芙球针针），下一针上钩2针中长针，从*位置开始重复5次，在下一针上钩（1针中长针，1个泡芙球针针），在最后1针上钩1针中长针，在起立针上引拔结束——24针。

第3圈： 1针锁针的起立针（不算作第1针），[在下一针上钩1针短针，接着下一针上钩2针短针]重复12次，在第1针上引拔结束，翻转织片——36针。

（反面）第4圈： 提示：浆果针的一圈在反面钩织，所以请确保翻转织片，并沿着相反方向钩织。[1针引拔针，1个浆果针]重复18次——36针（18个浆果针，18针引拔针）。

第5圈： 1针锁针的起立针（不算作1针），36针短针，并在最后1针最后一次挂线时换成B线，在第1针上引拔结束——36针。

B线
第6圈： 1针锁针的起立针（不算作1针），1针短针，接着下一针上钩2针短针，[在相邻的2针上各钩1针短针，接着下一针上钩2针短针]重复11次，下一针上钩1针短针，在第1针上引拔结束——48针。

第7圈： [1针引拔针，1个浆果针]重复24次——48针（24个浆果针，24针引拔针）。

第8圈： 1针锁针的起立针（不算作第1针），48针短针，并在最后1针最后一次挂线时换成C线，在第1针上引拔结束，翻转织片——48针。

C线

（正面）第9圈：（提示：这一圈钩织长针，所以必须在正面钩织，请确保在前一圈结束时翻面）3针锁针的起立针（算作第1针），2针长针，在下一针上钩2针长针，[在相邻的3针上各钩1针长针，在下一针上钩2针长针]重复完成这一圈，在起立针上引拔结束——60针。

第10圈：2针锁针的起立针（算作第1针），在起立针下方对应的线圈上钩1个泡芙球针，*3针中长针，在下一针上钩（1针中长针，1个泡芙球针），从*位置开始重复14次，在相邻3针上各钩1针中长针，在起立针上引拔结束——75针。

提示：钩织短针会将边缘缩紧一点点，这样可以抵消掉因为钩织泡芙球针变大的周长。

第11圈：1针锁针的起立针（不算作1针），[在相邻4针上各钩1针短针，在下一针上钩2针短针]重复15次，在第1针上引拔结束，翻转织片——90针。

（反面）第12圈：[1针引拔针，1个浆果针]重复钩织完这一圈——90针（45个浆果针，45针引拔针）。

第13圈：1针锁针的起立针（不算作1针），90针短针，并在最后1针最后一次挂线时换成B线，在第1针引拔结束——90针。

B线

第14圈：1针锁针的起立针（不算作1针），4针短针，在下一针上钩2针短针，[在相邻5针上各钩1针短针，在下一针上钩2针短针]重复13次，最后钩6针短针，在第1针上引拔结束——104针。

第15圈：[1针引拔针，1个浆果针]重复钩完这一圈——104针（52个浆果针，52针引拔针）。

第16圈：1针锁针的起立针（不算作1针），104针短针，并在最后1针最后一次挂线时换成D线，在第1针上引拔结束，翻转织片——104针。

D线

（正面）第17圈：3针起立针（算作第1针），4针长针，在下一针上钩2针长针，[在相邻5针上各钩1针长针，在下一针上钩2针长针]重复16次，在最后2针上各钩1针长针，在起立针上引拔结束——120针。

第18圈：2针锁针的起立针（算作第1针），3针中长针，[1个泡芙球针，4针中长针]

重复23次，1个泡芙球针，在起立针上引拔结束——120针。

第19圈：1针锁针的起立针（不算作1针），6针短针，在下一针上钩2针短针，[7针短针，在下一针上钩2针短针]重复14次，在下一针上钩1针短针，在第1针上引拔结束，翻转织片——135针。

（反面）第20圈：[1针引拔针，1个浆果针]重复67次，在最后1针上钩1针引拔针——135针（67个浆果针，68针引拔针）。

第21圈：1针锁针的起立针（不算作1针），135针短针，并在最后1针最后一次挂线时换成E线，在第1针上引拔结束，翻转织片——135针。

E线

（正面）第22圈：1针锁针的起立针（不算作1针），8针短针，在下一针上钩2针短针，[9针短针，在下一针上钩2针短针]重复12次，6针短针，在第1针上引拔结束，翻转织片——148针。

（反面）第23圈：[1针引拔针，1个浆果针]重复74次——148针（74个浆果针，74针引拔针）。

第24圈：1针锁针的起立针（不算作1针），148针短针，并在最后1针最后一次挂线时换成D线，在第1针上引拔结束，翻转织片——148针。

D线

（正面）第25圈：3针锁针的起立针（算作第1针），9针长针，在下一针上钩2针长针，[在相邻10针上各钩1针长针，在下一针上钩2针长针]重复12次，5针长针，在起立针上引拔结束——161针。

第26圈：2针锁针的起立针（算作第1针），3针中长针，1个泡芙球针，[4针中长针，1个泡芙球针]重复31次，跳过最后1针长针不钩，在起立针上引拔结束——160针。

第27圈：1针锁针的起立针（不算作1针），[11针短针，在下一针上钩2针短针]重复13次，接着钩3针短针，跳过最后1针不钩，在第1针上引拔结束，翻转织片——172针。

（反面）第28圈：[1针引拔针，1个浆果针]重复86次——172针（86个浆果针，86针引拔针）。

第29圈：1针锁针的起立针，172针短针，并在最后1针最后一次挂线时换成B线，在第1针上引拔结束，翻转织片——172针。

B线

（正面）第30圈：1针锁针的起立针，11针短针，在下一针上钩2针短针，[12针短针，在下一针上钩2针短针]重复12次，3针短针，跳过最后1针不钩，在第1针上引拔结束，翻转织片——184针。

（反面）第31圈：[1针引拔针，1个浆果针]重复92次，翻转织片——184针（92个浆果针，92针引拔针）。

（正面）第32圈：1针锁针的起立针（不算作1针），11针短针，在下一针上钩2针短针，[12针短针，在下一针上钩2针短针]重复13次，3针短针，并在最后1针最后一次挂线时换成C线，在第1针上引拔结束——198针。

C线

（正面）第33圈：3针锁针的起立针（算作第1针），12针长针，在下一针上钩2针长针，[13针长针，在下一针上钩2针长针]重复13次，接着钩2针长针，在起立针上引拔结束——212针。

第34圈：2针锁针的起立针（算作第1针），[1个泡芙球针，3针中长针]重复52次，1个泡芙球针，接着钩2针中长针，在起立针上引拔结束——53个泡芙球针，159针中长针。

第35圈：1针锁针的起立针（不算作1针），[14针短针，在下一针上钩2针短针]重复14次，2针短针，在第1针上引拔结束，翻转织片——226针。

（反面）第36圈：1针锁针的起立针（不算作1针），[1个浆果针，1针引拔针]重复113次——226针（113个浆果针，113针引拔针）。

（正面）第37圈：1针锁针的起立针（不算做1针），226针短针，并在最后1针最后一次挂线时换成B线，在第1针上引拔结束——226针。

B线

第38圈：1针锁针的起立针（不算作第1针），[15针短针，在下一针上钩2针短针]重复14次，接着钩2针短针，在第1针上引拔结束，翻转织片——240针。

（反面）第39圈：1针锁针的起立针（不算作1针），[1个浆果针，1针引拔针]重复120次，翻转织片——240针（120个浆果针，120针引拔针）。

（正面）第40圈：1针锁针的起立针（不算作1针），[16针短针，在下一针上钩2针短针]重复14次，接着钩2针

锁针
引拔针
短针
中长针
绕线作环

长针
浆果针
泡芙球针

短针，并在最后1针最后一次挂线时换成A线，在第1针上引拔结束——254针。

A线

第41圈：3针锁针的起立针（算作第1针），253针长针，在第1针上引拔结束——254针。

第42圈：2针锁针的起立针（算作第1针），[1个泡芙球针，4针中长针]重复50次，接着钩1个泡芙球针，2针中长针，在起立针上引拔结束——51个泡芙球针，202针中长针。

第43圈：1针锁针的起立针（不算作第1针），254针短针，在第1针上引拔结束，翻转织片——254针。

(反面)第44圈：[1个浆果针，1针引拔针]重复127次，翻转织片——254针（127个浆果针，127针引拔针）。

（正面）第45圈：1针锁针的起立针（不算作第1针），254针短针，并在最后1针最后一次挂线时换成B线，在第1针上引拔结束——254针。

B线

第46圈：1针锁针的起立针（不算作第1针），[17针短针，在下一针上钩2针短针]重复14次，接着钩2针短针，在第1针上引拔结束，翻转织片——268针。

（反面）第47圈：[1个浆果针，1针引拔针]重复134次，翻转织片——134个浆果针，134针引拔针。

（正面）第48圈：1针锁针的起立针（不算作第1针），268针短针，并在最后1针最后一次挂线时换成D线，在第1针上引拔结束——268针。

D线

第49圈：1针锁针的起立针（不算作1针），268针逆短针，在第1针上引拔结束，断线——268针逆短针。

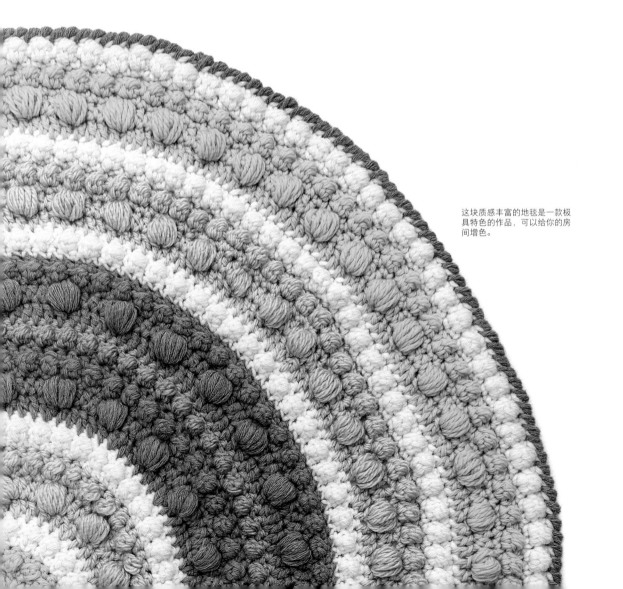

这块质感丰富的地毯是一款极具特色的作品，可以给你的房间增色。

泡芙针长枕

一直以来，长枕作为世界时尚家居的主要抱枕风格之一，受欢迎的程度丝毫未减。这款可以快速完成的泡芙针长枕可以制作成任何宽度，只要通过增加或减少每行的泡芙针数量，或者增减行数即可。

你将需要：

10mm钩针
极粗蓝色线：320m
枕芯

缩写

常用缩写列表在第94页。

图解

特殊针法：

单泡芙针——2针锁针，拉大钩针上的线圈，*钩针挂线，穿入第2针锁针里，挂线将线引拔出并拉大线圈，从*位置开始重复2次，挂线并一次性从钩针上的7个线圈里引拔出。

双泡芙针——2针锁针，拉大钩针上的线圈，*钩针挂线，穿入第2针锁针里，挂线将线引拔出并拉大线圈，从*位置开始重复2次，钩针挂线，穿入对应的连接锁针里，挂线将线引拔出并拉大，[挂线，穿入同一个位置，挂线将线引拔出并拉大线圈]重复3次，绕线并将线一次性从钩针上的15个线圈里引拔出。

提示：主体用到的针法说明参照第68页——泡芙垫花样。

主体

泡芙针链：11个单泡芙针。

第1行：1个单泡芙针，在倒数第3个泡芙针连接点上钩1个双泡芙针，在相邻的每个泡芙针连接点上各钩1个双泡芙针，在最后1针锁针里钩1个双泡芙针，翻转织片——11个双泡芙针。

第2行~第19行：同第1行。

第20行：3针锁针的起立针（算作第1针），（在相邻的横向泡芙针上钩1针长针，在泡芙针连接点上钩1针长针）重复钩织完这一行，断线。

将织片上边朝下（旋转180度），加入线，钩织3针锁针的起立针，沿着底边在泡芙针上各钩1针长针，在泡芙针连接点上也各钩1针长针。

织片旋转90度，钩1针锁针，在最后1针长针针柱上钩2针短针，在每个泡芙针侧边钩1针短针（挑4股线），在连接点上钩1针短针，最后在长针针柱上钩2针短针——42针，断线，按照同样方法在织片另外一侧钩边。

○ 锁针
• 引拔针
+ 短针
┬ 长针
◉ 绕线作环
⬭ 泡芙针
▶ 起点

主体

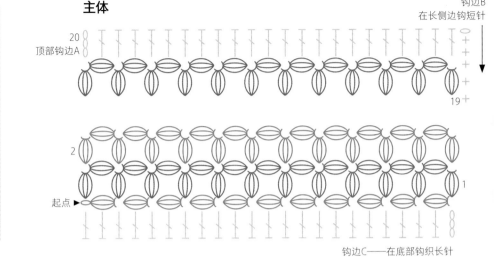

20
顶部钩边A

钩边B
在长侧边钩短针

19

2

起点 ▶

1

钩边C——在底部钩织长针

两端织片（制作2个）

绕线作环起针。

第1圈： 在环里钩6针短针，引拔结束。

第2圈： 1针锁针的起立针，在每个短针上各钩2针短针，引拔结束——12针。

第3圈： 1针锁针的起立针，[1针短针，在下一个上钩2针短针]重复6次，引拔结束。——18针。

第4圈： 1针锁针的起立针，[2针短针，在下一个上钩2针短针]重复6次，引拔结束——24针。

第5圈： 1针锁针的起立针，[3针短针，在下一个上钩2针短针]重复6次，引拔结束——30针。

第6圈： 3针锁针的起立针，在起立针同一个位置钩1针长针，[4针长针，在下一针上钩2针长针]重复5次，4针长针，引拔结束——36针。

第7圈： 3针锁针的起立针，在起立针同一个位置钩1针长针，[5针长针，在下一针上钩2针长针]重复5次，5针长针，引拔结束——42针。

拼接

将主体的长侧边沿着其中一个两端织片的外圈放置，用珠针固定在一起，织片反面相对，主体两个短侧边挨在一起（不要重叠，也不要有距离）。加入新线，同时穿入两个织片，一针对应一针地绕圈钩织42针短针，最后在第1针上引拔结束。按照同样方法完成另一端织片的拼接。

填充

可以购买现成的长枕芯，再钩织合适的尺寸。或者你可以将海绵像瑞士卷一样卷起来制作枕芯，再用厚实的印花棉布制作的罩子包裹起来，让海绵枕芯更平整，并且呈现完整的圆柱形。

两端部分

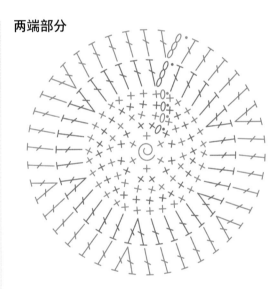

制作抽绳

3针锁针，钩针穿入倒数第2针锁针，挂线将线引拔出（钩针上共有2个线圈），钩针穿入相邻的锁针，挂线将线引拔出（钩针上共有3个线圈），*将后钩的2个线圈从钩针上取下（你可以用一根线头或记号扣穿入到这2个线圈里，以免脱线，但为了方便快速，就不需要了），挂线将线从钩针上剩下的一个线圈里引拔出，钩针重新穿过相邻位置一个取下的线圈，挂线将线从线圈里钩出，钩针再穿入剩下的一个线圈，挂线将线引拔出。

从*位置开始重复，一直钩到比抱枕开口位置长几厘米的时候，断线收针。将抽绳一端从枕头其中一侧开口边缘的空隙穿入，在两个开口边缘交叉绑带进行收口，一直绑到另外一端，将抽绳稍微拉紧、捋直，然后将抽绳塞进枕芯里面，这样可以固定住抽绳。

泡芙球针手拎包

这个圆底复古手拎包很个性，大量使用第70页中的6针的泡芙球针花样钩织。搭配五颜六色的棉布内衬和复古木手柄，让这个手拎包显得更加饱满，让人难以抗拒。

你将需要：

6mm钩针
橘色粗线：272m

缩写

常用缩写列表在第94页。下面是该图解里使用的特殊针法。
pb=泡芙球针（详见"特殊针法"）
2pbtog=2个泡芙球针并针（详见"特殊针法"）

常用缩写列表在第94页。

小窍门

用记号扣或其他颜色线头来标记每一圈的起始位置。

因为这个作品是从包底向上成圈钩织的，所以泡芙球针部分的包身反面将朝向自己，注意防止在中途休息后再开始钩织时不小心翻面。

图解

特殊针法：

泡芙球针（pb）——6针的泡芙针（详见第70页）。
泡芙球针2针并1针（2pbtog）——*在相邻的短针上（挂线，穿入钩针，挂线将线引拔出，并拉大线圈）重复6次**，跳过下方相邻的一个泡芙球针位置不钩，从*位置开始重复1次到**位置结束，挂线并一次性从钩针上的26个线圈里引拔出。

钩12针锁针。
第1圈： 在倒数第2针锁针后半针上钩1针短针，在相邻9针锁针的后半针上各钩1针锁针，在最后1针锁针的后半针上钩3针短针，织片旋转180度（底边朝上），然后在锁针剩下的半针里钩织，在相邻的9针锁针里各钩1针短针，在最后1针里钩2针短针，在第1针短针上引拔结束——24针。
第2圈： 在引拔针同一位置钩1个泡芙球针，在相邻短针上钩1针短针，[1个泡芙球针，1针短针]重复11次，在第1个泡芙球针上引拔结束——24针（12个泡芙球针，12针短针）。
第3圈： 1针锁针的起立针（不算作1针），在引拔针同一位置钩1针短针，[1个泡芙球针，1针短针]重复5次，在相邻短针上钩（1个泡芙球针，1针短针，1个泡芙球针），1针短针，[1个泡芙球针，1针短针]重复5次，在相邻短针上钩（1个泡芙球针，1针短针，1个泡芙球针），在这一圈第1针短针上引拔结束——28针（14个泡芙球针，14针短针）。
第4圈： 在引拔针同一位置钩（1个泡芙球针，1针短针，1个泡芙球针），在相邻泡芙球针上钩1针短针，[1个泡芙球针，1针短针]重复4次，在相邻短针上钩（1个泡芙球针，1针短针，1个泡芙球针），在相邻泡芙球针上钩1针短针，在相邻短针上钩1个泡芙球针，在相邻泡芙球针上钩1针短针，在相邻短针上钩（1个泡芙球针，1针短针，1个泡芙球针），在相邻泡芙球针上钩1针短针，[1个泡芙球针，1针短针]重复4次，在相邻短针上钩（1个泡芙球针，1针短针，1个泡芙球针），在相邻泡芙球针上钩1针短针，在相邻短针上钩1个泡芙球针，在相邻泡芙球针上钩1针短针，在这一圈第1个泡芙球针上引拔结束——36针（18个泡芙球针，18针短针）。
第5圈： 1针锁针的起立针（不算作1针），在引拔针同一位置钩1针短针，*[1个泡芙球针，1针短针]重复7次，[在相邻短针上钩（1个泡芙球针，1针短针，1个泡芙球针），在相邻泡芙球针上钩1针短针]重复2次，从*位置开始重复完成这一圈，最后1针短针省略，在这一圈第1针短针上引拔结束——44针

这个可爱的泡芙球手拎包用来装正在进行中的钩织作品是最理想的，还能给你的个人风格增添复古感。

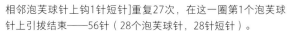

符号说明

◯ 锁针

• 引拔针

+ 短针

🌰 泡芙球针

🌰🌰 泡芙球针2针并1针

相邻泡芙球针上钩1针短针]重复27次，在这一圈第1个泡芙球针上引拔结束——56针（28个泡芙球针，28针短针）。

第9圈：（加针），1针锁针的起立针（不算作1针），在引拔针同一位置钩1针短针，[1个泡芙球针，1针短针]重复10次，在相邻短针上钩（1个泡芙球针，1针短针，1个泡芙球针），在相邻泡芙球针上钩1针短针，[钩1个泡芙球针，1针短针]重复13次，在相邻短针上钩（1个泡芙球针，1针短针，1个泡芙球针），在相邻泡芙球针上钩1针短针，[钩1个泡芙球针，1针短针]重复2次，在最后1针短针上钩1个泡芙球针，在这一圈第1针短针上引拔结束——60针（30个泡芙球针，30针短针）。

第10圈：（不加针），在引拔针同一位置钩1针短针，在相邻泡芙球针上钩1针短针，[钩1个泡芙球针，1针短针]重复29次，在这一圈第1个泡芙球针上引拔结束——60针（30个泡芙球针，30针短针）。

第11圈：（不加针），1针锁针的起立针（不算作1针），在引拔针同一位置钩1针短针，[1个泡芙球针，1针短针]重复29次，在最后1针短针上钩1个泡芙球针，在这一圈第1针短针上引拔结束——60针（30个泡芙球针，30针短针）。

第12圈：（不加针），在引拔针同一位置钩1个泡芙球针，在相邻泡芙球针上钩1针短针，[1个泡芙球针，1针短针]重复29次，在这一圈第1个泡芙球针上引拔结束——60针（30个泡芙球针，30针短针）。

第13圈：（减针），1针锁针的起立针（不算作1针），在引拔针同一位置钩1针短针，[1个泡芙球针，1针短针]重复10次，在相邻的3针上钩泡芙球针2针并1针，在相邻泡芙球针上钩1针短针，[钩1个泡芙球针，1针短针]重复13次，在相邻的3针上钩泡芙球针2针并1针，在相邻泡芙球针上钩1针短针，[1个泡芙球针，1针短针]重复2次，在最后1针短针上钩1个泡芙球针，在这一圈第1针短针上引拔结束——56针（26个泡芙球针，2个并针，28针短针）。

第14圈：（不减针），在引拔针同一位置钩1个泡芙球针，在相邻泡芙球针上钩1针短针，[1个泡芙球针，1针短针]重复9次，在相邻短针上钩1针短针，在相邻并针上钩1针短针，[1个泡芙球针，1针短针]重复13次，在相邻短针上钩1针短针，在相邻并针上钩1针短针，[1个泡芙球针，1针短针]重复3次，在这一圈第1个泡芙球针上引拔结束——56针（28个泡芙球针，28针短针）。

第15圈：（不加不减），1针锁针的起立针（不算作1针），在引拔针同一位置钩1针短针，[1个泡芙球针，1针短针]重复27次，在最后1针短针上钩1个泡芙球针，在这一圈第1针短针上引拔结束——56针（28个泡芙球针，28针短针）。

（22个泡芙球针，22针短针）。

第6圈：标记记号扣，在引拔针同一位置钩1个泡芙球针，在相邻泡芙球针上钩1针短针，[1个泡芙球针，1针短针]重复8次，下一针上钩（1个泡芙球针，1针短针，1个泡芙球针），在相邻泡芙球针上钩1针短针，[1个泡芙球针，1针短针]重复10次，在相邻短针上钩（1个泡芙球针，1针短针，1个泡芙球针），在相邻泡芙球针上钩1针短针，在相邻短针上钩1个泡芙球针，在相邻泡芙球针上钩1针短针，在这一圈第1个泡芙球针上引拔结束——48针（24个泡芙球针，24针短针）。

第7圈：标记记号扣，1针锁针的起立针（不算作1针），在引拔针同一位置钩1针短针，[1个泡芙球针，1针短针]重复8次，*在相邻短针上钩（1个泡芙球针，1针短针，1个泡芙球针），在相邻泡芙球针上钩1针短针**，在相邻短针上钩1个泡芙球针，在相邻短针上钩1针短针，从*位置开始重复到**位置结束，[1个泡芙球针，1针短针]重复9次，***在相邻短针上钩（1个泡芙球针，1针短针，1个泡芙球针），在相邻泡芙球针上钩1针短针****，在相邻短针上钩1个泡芙球针，在相邻短针上钩1针短针，从***位置开始重复到****位置结束，在最后1针短针上钩1个泡芙球针，在这一圈第1针短针上引拔结束——56针（28个泡芙球针，28针短针）。

第8圈：（不加针），在引拔针同一位置钩1个泡芙球针，在相邻泡芙球针上钩1针短针，[在相邻短针上钩1针短针，在

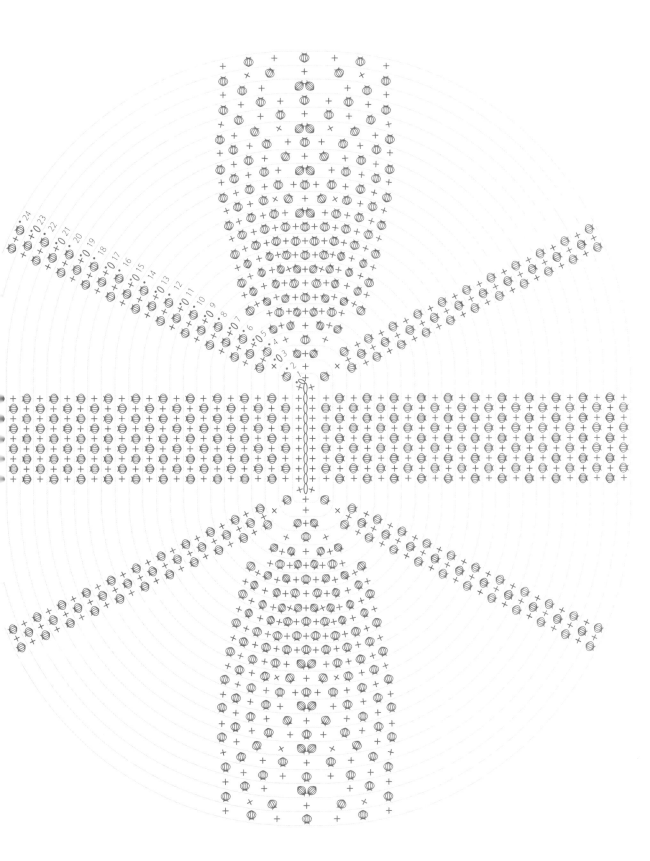

第16圈：（减针），在引拔针同一位置钩1个泡芙球针，在相邻泡芙球针上钩1针短针，[1个泡芙球针，1针短针]重复9次，在相邻的3针上钩泡芙球针2针并1针，在相邻泡芙球针上钩1针短针，[1个泡芙球针，1针短针]重复12次，在相邻的3针上钩泡芙球针2针并1针，在相邻泡芙球针上钩1针短针，[1个泡芙球针，1针短针]重复2次，在这一圈第1个泡芙球针上引拔结束——52针（24个泡芙球针，2个并针，26针短针）。

第17圈：（不加不减），1针锁针的起立针（不算作1针），在引拔针同一位置钩1针短针，接着钩[1个泡芙球针，1针短针]重复9次，在相邻短针上钩1个泡芙球针，在相邻并针上钩1针短针，[1个泡芙球针，1针短针]重复12次，在相邻短针上钩1个泡芙球针，在相邻并针上钩1针短针，[1个泡芙球针，1针短针]重复2次，在最后1针短针上钩1个泡芙球针，在这一圈第1针短针上引拔结束——52针（26个泡芙球针，26针短针）。

第18圈：（不加不减）在引拔针同一位置钩1个泡芙球针，接着钩1针短针，[1个泡芙球针，1针短针]重复25次，在这一圈第1个泡芙球针上引拔结束——52针（26个泡芙球针，26针短针）。

第19圈：（减针），1针锁针的起立针（不算作1针），在引拔针同一位置钩1针短针，[1个泡芙球针，1针短针]重复9次，在相邻的3针上钩泡芙球针2针并1针，在相邻泡芙球针上钩1针短针，[1个泡芙球针，1针短针]重复11次，在相邻的3针上钩泡芙球针2针并1针，[在

相邻泡芙球针上钩1针短针，在相邻短针上钩1个泡芙球针]重复2次，在这一圈第1针短针上引拔结束——48针（22个泡芙球针，2个并针，24针短针）。

第20圈：（不加不减），在引拔针同一位置钩1个泡芙球针，接着钩1针短针，[1个泡芙球针，1针短针]重复8次，在相邻短针上钩1个泡芙球针，在相邻针上钩1针短针，[1个泡芙球针，1针短针]重复11次，在相邻短针上钩1个泡芙球针，在相邻并针上钩1针短针，[1个泡芙球针，1针短针]重复2次，在这一圈第1个泡芙球针上引拔结束——48针（24个泡芙球针，24针短针）。

第21圈：（不加不减），1针锁针的起立针（不算作1针），在引拔针同一位置钩1针短针，[1个泡芙球针，1针短针]重复23次，在最后1针短针上钩1个泡芙球针，在这一圈第1针短针上引拔结束——48针（24个泡芙球针，24针短针）。

第22圈：（减针），在引拔针同一位置钩1个泡芙球针，接着钩1针短针，[1个泡芙球针，1针短针]重复8次，在相邻的3针上钩泡芙球针2针并1针，在相邻泡芙球针上钩1针短针，[1个泡芙球针，1针短针]重复10次，在相邻的3针上钩泡芙球针2针并1针，在相邻泡芙球针上钩1针短针，在相邻短针上钩1个泡芙球针，在这一圈第1个泡芙球针上引拔结束——44针（20个泡芙球针，2个并针，22针短针）。

第23圈：（不加不减），1针锁针的起立针（不算作1针），在引拔针同一位

置钩1针短针，[1个泡芙球针，1针短针]重复8次，在相邻短针上钩1个泡芙球针，在相邻并针上钩1针短针，[1个泡芙球针，1针短针]重复10次，在相邻短针上钩1个泡芙球针，在相邻并针上钩1针短针，在相邻泡芙球针上钩1针短针，在最后1针短针上钩1个泡芙球针，在这一圈第1针短针上引拔结束——44针（22个泡芙球针，22针短针）。

第24圈：（不加不减——最后1行泡芙球针），在引拔针同一位置钩1个泡芙球针，在相邻泡芙球针上钩1针短针，[1个泡芙球针，1针短针]重复21次，在这一圈第1个泡芙球针上引拔结束——44针（22个泡芙球针，22针短针）。

第25圈：1针锁针的起立针（不算作1针），在引拔针同一位置钩1针短针，43针短针，在第1针短针上引拔结束——44针，断线。（此圈图解略去）

安装木手柄

使用的木手柄不同，安装方法也不同。参考作品中的手柄有一个很窄的开槽，约有20针短针的宽度。我在距离两面包口两端各1针的位置加入线，钩织延伸织片（20针宽度，5行高度），将延伸织片穿过手柄开槽，然后再钩织连接到包身，形成一个包裹着木手柄的环。（两面的延伸织片之间应该间隔2针）。

内衬

钩完后，就可以剪裁合适尺寸的布料，给包包缝上内衬。将内衬布正面相对对折，包包放在对折的内衬布上，折痕处与包底重合，然后沿着包的轮廓在布上画线，沿线剪裁。如果加铺棉，先沿着剪下的内衬布画出轮廓，然后将铺棉叠放在内衬布的反面，后面都将它们作为一体。接下来内衬布正面相对对折，沿着内衬两侧缝，在距离包口1cm的位置结束缝合，预留出翻口。接下来将预留的位置往反面翻折，压出折痕。然后将内衬放进包里，在翻折的折痕位置用珠针固定在织物主体最后一行并缝合在一起。

你会发现这些泡芙球针十分废线，很快就能消耗掉你的线团。但正是这些大量的泡芙球针才能展现出这个包有趣的特征。

钻石花样爆米花针围脖

这个厚实的围脖是用 5 针的爆米花针钩织成十分立体的钻石图案，适合作为一件时尚单品，收入你的衣柜中。它也是一个可以练习新技能的既有趣又简单的作品。选择一种亲肤的线钩织吧。

你将需要

5mm钩针
蓝色/灰色粗线: 460m

缩写

常用缩写列表在第94页。下面是该图解里使用的特殊针法。
BPtr=内钩长针（详见"特殊针法"）
FPtr=外钩长针（详见"特殊针法"）
pc=5针的爆米花针（详见"特殊针法"）

小窍门

外钩长针和内钩长针只是听起来比实际更复杂，它们和普通长针之间的不同只是钩织位置不同，长针是在上一行针法顶部的线圈中入针钩织，而它们是挑长针的"针杆"或"针柱"钩织。如果你还是觉得太难掌握，可以将内外钩长针用普通长针替换，也可以钩织出好看的围脖。

图解

特殊针法:

标准的5针的爆米花针（pc）——详见第49页。

外钩长针（FPtr）——钩针挂线从正面入针，从下方针柱右侧穿入到背面，然后从针柱左侧穿出，挂线将线引拔出，挂线将线从钩针上前2个线圈里引拔出并重复2次——和标准长针钩法一样。

内钩长针（BPtr）——钩针挂线在背面从下方针柱的右侧穿出正面，然后从针柱左侧穿入，挂线将线引拔出，挂线将线从钩针上前2个线圈里引拔出并重复2次——和标准长针钩法一样。

钩86针锁针，起针前预留出10cm的线头。

第1圈：在倒数第4针上钩1针长针，82针长针，注意织片不要扭转，在第1针起立针上引拔结束，然后用预留的线头将锁针链位置缝合起来，不需要翻转织片——84针。

第2圈：（1针外钩长针，1针内钩长针）重复42次。

第3圈：3针锁针的起立针（算作第1针），[1个爆米花针，11针长针]重复6次，1个爆米花针，10针长针，在这一圈起立针上引拔结束，翻转织片——84针（7个爆米花针，77针长针）。

第4圈：1针引拔针，翻转织片，3针锁针的起立针（算作第1针），[1个爆米花针，1针长针，1个爆米花针，9针长针]重复6次，1个爆米花针，1针长针，1个爆米花针，8针长针，在这一圈起立针上引拔结束，翻转织片——84针（14个爆米花针，70针长针）。

第5圈：1针引拔针，翻转织片，3针锁针的起立针（算作第1针），*[1个爆米花针，1针长针]重复2次，1个爆米花针，7针长针，从*位置开始重复6次，[1个爆米花针，1针长针]重复2次，1个爆米花针，6针长针，在这一圈起立针上引拔结束，翻转织片——84针（21个爆米花针，63针长针）。

第6圈：1针引拔针，翻转织片，3针锁针的起立针（算作第1针），*[1个爆米花针，1针长针]重复3次，1个爆米花针，5针长针，从*位置开始重复6次，[1个爆米花针，1针长针]重复3次，1个爆米花针，4针长针，在这一圈起立针上引拔结束，翻转织片——84针（28个爆米花针，56针长针）。

第7圈：1针引拔针，翻转织片，3针锁针的起立针（算作第1针），*[1个爆米花针，1针长针]重复4次，1个爆米花针，3针长针，从*位置开始重复6次，[1个爆米花针，1针长针]重复4次，1个爆米花针，2针长针，在这一圈起立针上引拔结束，不需要翻转——84针（35个爆米花针，49针长针）。

第8圈：1针引拔针，不需要翻转，3针锁针的起立针（算作第1针），*[1个爆米花针，1针长针]重复3次，1个爆米花针，5针长针，从*位置开始重复6次，[1个爆米花针，1针长针]重复2次，1个爆米花针，4针长针，在这一圈起立针上引拔结束，不需要翻转——84针（28个爆米花针，56针长针）。

第9圈：1针引拔针，3针锁针的起立针（算作第1针），*[1个爆米花针，1针长针]重复2次，1个爆米花针，7针长针，从*位置开始重复6次，[1个爆米花针，1针长针]重复2次，1个爆米花针，6针长针，在这一圈起立针上引拔结束——84针（21个爆米花针，63针长针）。

第10圈：1针引拔针，3针锁针的起立针（算作第1针），[1个爆米花针，1针长针，1个爆米花针，9针长针]重复6次，1个爆米花针，1针长针，1个爆米花针，8针长针，在这一圈起立针上引拔结束——84针（14个爆米花针，70针长针）。

第11圈：3针锁针的起立针（算作第1针），[1个爆米花针，11针长针]重复6次，1个爆米花针，10针长针，在这一圈起立针上引拔结束——84针（7个爆米花针，77针长针）。

第12~19圈：同第4~11圈（在第20圈的时候不需要翻转织片）。

第20圈：3针锁针的起立针（算作第1针），83针长针，在这一圈起立针上引拔结束。

第21圈：同第2圈，断线并收线头。

符号说明

○ 锁针
• 引拔针
長针
外钩长针
内钩长针
5针的爆米花针
► 起点

提示

钩织完锁针链后，往后的图解都是绕圈钩织的。为了隐藏每圈钻石花样变宽后产生的连接点，需要暂时翻转织片钩织引拔针将线带到对应位置，然后再翻转回正面继续按照前面几行的钩织方形往下钩织。

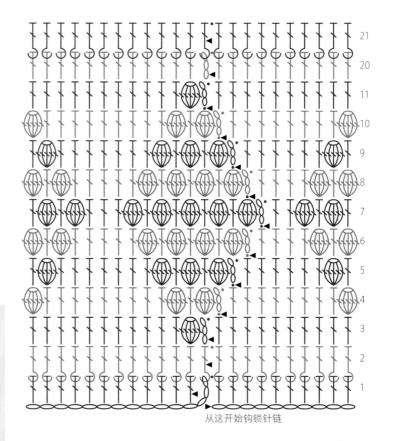

从这开始钩锁针链

常用缩写

beg	开始
ch	锁针；起立针
cm	厘米
Col	颜色
dc	短针
DK	双根织线
dtr	长长针
foll	下一个，下面
htr	中长针
inc	包含
m	米
Rnd	圈
RS	正面
sk	跳过
sl st	引拔针
sp	空隙
st	针
tog	并针
tr	长针
WS	反面
yd	码
yo	挂线

索引（中英文对照）

2019 年陕西科技大学攻读硕士学位研究生试题

一、求解下列各题（共 20 分，每小题 10 分）

1．设 $f(x) = x^3 - 3px + 2q, g(x) = x^2 - 2x + 1$，试求 $g(x)$ 能整除 $f(x)$ 的条件．

2．设 $f(x), g(x), h(x)$ 全不为零，试证明 $(f(x), g(x)h(x)) = 1$ 的充分必要条件是 $(f(x), g(x)) = 1$ 且 $(f(x), h(x)) = 1$.

二、（15 分）计算 n 阶行列式 $D_n = \begin{vmatrix} a^2 & a^2\rho & \cdots & a^2\rho \\ a^2\rho & a^2 & \cdots & a^2\rho \\ \vdots & \vdots & & \vdots \\ a^2\rho & a^2\rho & \cdots & a^2 \end{vmatrix}$（其中 $a \neq 0$ 且 $\rho \neq 1$）的值．

三、（15 分）讨论参数 λ 取何值时，线性代数方程组

$$\begin{cases} \lambda x_1 + x_2 + x_3 = \lambda - 3 \\ x_1 + \lambda x_2 + x_3 = -2 \\ x_1 + x_2 + \lambda x_3 = -2 \end{cases}$$

（1）有唯一解；（2）无解；（3）有无穷多解？并在有无穷多解时求其通解．

四、求解下列各题（共 20 分，每小题 10 分）

1. 设矩阵 $A = \begin{pmatrix} 0 & 5 & 0 \\ 1 & -1 & 0 \\ 0 & 0 & -1 \end{pmatrix}$ 满足矩阵方程 $2A^{-1}X - E = X$，试求矩阵 X.

2. 已知矩阵 $B = (2, 1, 3), C = \left(\dfrac{1}{2}, 1, \dfrac{1}{3} \right)$，又矩阵 $A = B^{\mathrm{T}}C$，试求 A^2 及 A^{2018}.

五、（20 分）设二次型 $f(x_1, x_2, x_3) = x_1^2 + 2x_2^2 + 3x_3^2 - 4x_1x_2 - 4x_2x_3$，解答下列问题：

1. 写出次二次型的矩阵表达式；

2. 用配方法将此二次型化为标准形，并写出其可逆线性变换.

六、（15 分）试证向量 $\alpha_1 = (2, 1, -1, 1), \alpha_2 = (0, 3, 1, 0), \alpha_3 = (5, 3, 2, 1), \alpha_4 = (6, 6, 1, 3)$ 是 R^4 的一组基，并求 $\beta = (7, 10, 3, 2)$ 在此基下的坐标.

七、（15 分）设数域 P 上三维线性空间 V 上的线性变换 σ 在单位基底 $\boldsymbol{\alpha}_1, \boldsymbol{\alpha}_2, \boldsymbol{\alpha}_3$ 下的矩阵为：$A = \begin{pmatrix} 1 & -2 & 2 \\ -2 & -2 & 4 \\ 2 & 4 & -2 \end{pmatrix}$

1．求每个特征子空间的基．

2．问 A 可否对角化？若可以，求出相应的基和过渡矩阵 C．

八、（15 分）求 λ 矩阵 $A(\lambda) = \begin{pmatrix} 1-\lambda & 2\lambda-1 & \lambda \\ \lambda & \lambda^2 & -\lambda \\ 1+\lambda^2 & \lambda^3+\lambda-1 & -\lambda^2 \end{pmatrix}$ 的标准形、行列式因子和不变因子．

$$T^{-1}AT = \begin{pmatrix} E_s & & \\ & -E_{r-s} & \\ & & \mathbf{0} \end{pmatrix}, \text{其中 } r = 秩\,(A),\ s = 秩\,(A^2+A).$$

九、（15 分）设 σ 是欧氏空间 V 的一个变换，试证明：若 σ 保持向量内积不变，即：对于任意的 $\boldsymbol{\alpha}, \boldsymbol{\beta} \in V$，都有 $(\sigma\boldsymbol{\alpha}, \sigma\boldsymbol{\beta}) = (\boldsymbol{\alpha}, \boldsymbol{\beta})$，则 σ 为线性变换，并且是正交变换．

$A(\boldsymbol{\alpha}) = \boldsymbol{\alpha} - 2(\boldsymbol{\eta}, \boldsymbol{\alpha})\boldsymbol{\eta}$，对任意 $\boldsymbol{\alpha} \in V$．

十、（15 分）设 n 阶实对称矩阵 A 的特征值满足：$\lambda_1 \leqslant \lambda_2 \leqslant \cdots \leqslant \lambda_n$. 试证明：对任意 n 维列向量 X 都有 $\lambda_1 X^{\mathrm{T}} X \leqslant X^{\mathrm{T}} A X \leqslant \lambda_n X^{\mathrm{T}} X$.